国鉄・JR 新性能電車総覧
〔下巻 交直流・交流電車編〕

写真・解説　桑原秀幸

勝田車両センター　2011.11.12

勝田車両センター　2005.10.22

Contents

はじめに

　国鉄・JR新性能電車系列一覧 下巻では、同タイトル系列一覧 上巻に引き続き、交直流電車、交流電車を掲載しJR四国の系列及びJR東日本のE001系も掲載それぞれの系列をご覧いただけます。なお、系列一覧上・下巻同様にEV車(蓄電池電車)についても新性能電車として盛り込んでいます。

　また、本書末部には、本書で説明紹介した中での専門用語について一部ではありますが、わかりやすく解説いたしました。併せてご覧いただければと存じます。

481 雷鳥富山 1983.10.27

上野 1983.9.18

上野 2007.3.17

勝田 2004.9.10

≪参考文献≫
・鉄道ピクトリアル(1968.5 No209 ～最新号)
　(株式会社電気車研究会　鉄道図書刊行会)
・鉄道ピクトリアル臨時増刊号新車年鑑、鉄道車両年鑑
　(1984.10 No438 ～ 2016.10 No923)(株式会社電気車研究会　鉄道図書刊行会)
・鉄道ピクトリアル2021.7月号別冊　国鉄形車両の記録　101系通勤形電車
　(電気車研究会　鉄道図書刊行会)
・鉄道ピクトリアル2023.8月号別冊　国鉄形車両の記録　急行形交直流電車
　(電気車研究会　鉄道図書刊行会)
・鉄道ファン　各号　(交友社)
・鉄道ファン特別付録新車カタログ(1985 ～ 2023)(交友社)
・編成表57.11.15改正号(ジェー・アール・アール)
・国鉄電車編成表 82年版～(ジェー・アール・アール)

・JR電車編成表　各号　(交通新聞社)
・電車ガイドブック　慶応義塾大学鉄道研究会　(誠文堂新光社)
・67国鉄新車ガイドブック　浅原信彦・村松功著　(誠文堂新光社)
・68'69国鉄新車ガイドブック　(誠文堂新光社)
・国鉄電車ガイドブック新性能電車編　浅原信彦著　(誠文堂新光社)
・新版国鉄電車ガイドブック新性能電車交流編　浅原信彦著　(誠文堂新光社)
・最後の国鉄電車ガイドブック　(誠文堂新光社)
・旅鉄車両ファイル国鉄103系通勤電車　(天夢人)
・国鉄車両シリーズ3　101系通勤形電車　(ジェー・アール・アール)
・R&M 各号　(日本鉄道車両機械技術協会)
・知ってるつもりから確かな知識へ　電車基礎講座　野元浩著　(交通新聞社)

例【401】常磐線 ←主な使用路線名

↑系列

急行、特急名、臨時、団体等

Tc401-77　　水カツ　←特急用車両等では記載場所が違う

車両番号　所属名

(編成の手前側車両のみを標記)

勝田車両センター　2005.10.22

撮影場所　撮影年月日

【例】
Tc＝クハ
Mc＝クモハ
M＝モハ(中間車)
Tsc＝クロ
Msc＝クモロ
Thsc＝クロハ
Tnc＝クハネ
Tpc＝クハ(パンタ付き)
Tpsc＝クロ(パンタ付き)
Tcd＝クハ(ダブルデッカー)
T＝サハ
Ts＝サロ

【所属例】
水カツ＝勝田車両センター
鹿カコ(本カコ)＝鹿児島車両センター
本ミフ(北ミフ、門ミフ)＝南福岡車両区
分オイ＝大分車両センター
福フチ＝福知山電車区
本ムコ(大ムコ、京ムコ)＝向日町運転所※
近キト(京キト)＝吹田総合車両所京都支所
金フイ＝福井地域鉄道部敦賀運転派出※
金ツル＝敦賀運転センター
金サワ＝金沢総合車両所
横コツ＝国府津車両センター
東オク＝尾久車両センター
宮オオ＝大宮総合車両センター
宮ヤマ(東ヤマ)＝小山車両センター
千マリ＝幕張車両センター

高シマ＝新前橋電車区※
高タカ＝高崎車両センター
長ナノ＝長野総合車両センター
新カヌ＝上沼垂運転区※
新ニイ＝新潟車両センター
仙セン＝仙台車両センター (仙台電車区)
秋アキ＝秋田総合車両センター (南秋田運転所)
盛アオ＝青森運転所※

【各系列説明】
①営業開始年月(または製造年月)～廃車年月
②特徴
③系列番代と特徴(中間車は除く)

★2022.10付けで一部組織変更があり名称及び標記か変更されています。
　首都圏本部「都」ーオオ、ヤマ、サイ、ハエ、マト、トウ、オク、モト、ナノ
　中国統括本部「中」ーセキ、ヒロ、オカ、イモ
　東北本部「北」ーアキ、セン

※印付は、統合、廃止等で2022年現在標記使用されてません。
　(　)内は、旧標記

【401系】 水戸線・常磐線

Tc401-19　水カツ　勝田　1983.9.18

常磐線（快速）・常磐線（水戸口）

Tc401-26　水カツ　水戸　1983.9.18

①1960.8製、1961.6～2008.7　JR東日本
②交直両用近郊形車両(日本初)、交流2万ボルト50Hz用
　両開き3ドア、セミクロスシート、
　MM'ユニット方式、主電動機MT46B(100KW)、歯車比4.82
　直並列、弱界磁、発電ブレーキ、総括制御
　SED/SELD発電併用電磁直通ブレーキ
③Tc401 奇数車番号(勝田方)，偶数者番号(上野方)
　1～23　低運転台、中間M401,400とペア(4両編成)
　24～50　高運転台、中間M401,400とペア(4両編成)
　51～90　高運転台、中間M403,402とペア(4両編成)
　101　高運転台、Tc115からの改造車

常磐線（快速）・常磐線（水戸口）

Tc401-37　水カツ　上野　1985.3.9

常磐線（快速）・常磐線（水戸口）

Tc401-90　水カツ　我孫子　1983.10.1

水戸線・常磐線（水戸口）

Tc401-19　水カツ　勝田　1983.9.18

常磐線（快速）・常磐線（水戸口）

Tc401-17　水カツ　我孫子　1983.10.1

常磐線（快速）・常磐線（水戸口）

Tc401-44　水カツ　我孫子　1983.10.1

常磐線（水戸口）・常磐線（快速）

Tc401-56　水カツ　金町-松戸　1982.10.23

常磐線（快速）・常磐線（水戸口）

Tc401-74　水カツ　我孫子　1982.11.23

常磐線（快速）・常磐線（水戸口）

Tc401-80　水カツ　上野　1985.3.13

常磐線（水戸口）・水戸線

Tc401-55　水カツ　勝田　2000.7.20

常磐線（快速）・常磐線（水戸口）

Tc401-87　水カツ　金町　2005.6.18

【403系】 常磐線（快速）・常磐線（水戸口）

M402-12　水カツ　北千住　2007.1.24

（改造車）
常磐線（快速）・常磐線（水戸口）　Tc115-612からの交直流化改造

Tc401-101（旧Tc401-901）　水カツ　友部　1990.3

① 1966.7 ～ 2008.3 JR東日本
② 401系の出力増強型、M車のみ製造、Tcは401系使用(Tc401-51 ～ 90)、主電動機MT54,MT54B(120KW)、歯車比4.82、直並列、弱界磁、
　発電フレーキ、総括制御、SED/SELD発電併用電磁直通ブレーキ、セミクロスシート

＜番外編＞　401系初期タイプ

常磐線

Tc401　水カツ　金町-松戸

常磐線

Tc401　水カツ　金町-松戸

常磐線

Tc401　水カツ　上野　1966.3

晴海鉄道展

Tc401-4　水カツ　晴海ふ頭展示場　1962.6

【411系】 常磐線（水戸口）・常磐線（快速）

Tc411-302　水カツ　勝田　1983.9.18

常磐線（快速）・常磐線（水戸口）

Tc411-115　水カツ　金町　2007.3.17

①1971.4　JR東日本・JR九州
②415系の制御車、セミクロスシート
　(500,600,1500,1600はロングシート)
　Tc車、T車のみ存在、車両系列では415系に属する。
③Tc411
　100　奇数方先頭車(勝田方・門司港方)、シートピッチ拡大
　200　偶数方先頭車(上野方・博多、大分方)、シートピッチ拡大
　300　奇数車番号(勝田方・門司港方)・
　　　　偶数者番号(上野方・博多、大分方)
　500　奇数方先頭車(勝田方・門司港方)、ロングシート
　600　偶数方先頭車(上野方・博多、大分方)、ロングシート
　700　T411-707からの先頭車改造(JR東日本)
　1500　奇数方先頭車(勝田方・門司港方)、
　　　　 ステンレス車体、ロングシート
　1600　偶数方先頭車(上野方・博多、大分方)、
　　　　 ステンレス車体、ロングシート

鹿児島本線（博多口）

Tc411-112　本ミフ　小倉　1988.3.10

鹿児島本線（博多口）

Tc411-1609　本ミフ　博多　1988.3.11

常磐線（快速）・常磐線（水戸口）　先頭車改造

Tc411-701（旧T411-707）　水カツ　金町　2007.3.17

常磐線（快速）・常磐線（水戸口）

Tc411-619　水カツ　金町　2007.3.17

常磐線（快速）・常磐線（水戸口）

Tc411-319　水カツ　北千住　2002.9.10

常磐線（水戸口）・常磐線（快速）

Tc411-1508　水カツ　金町　2007.1.24

水戸線・常磐線（水戸口）

Tc411-316　水カツ　小山　2005.8.10

水戸線・常磐線（水戸口）

Tc411-1504　水カツ　友部　2012.1.22

常磐線（水戸口）

Tc411-202　水カツ　水戸　2004.7.24

常磐線（水戸口）

Tc411-1623　水カツ　いわき　2015.3.1

鹿児島本線（博多口）　ロングシート改造車

Tc411-321　本ミフ　博多　2004.9.27

鹿児島本線（博多口）

Tc411-329　北ミフ　小倉　2011.2.3

日豊本線

Tc411-104　分オイ　大分　1988.3.10

宇部線

Tc411-111　門ミフ　宇部新川　1983.10.28

日豊本線

Tc411-326　本ミフ　下関　1994.11.27

長崎本線

Tc411-106　分オイ　肥前山口　2000.3.18

鹿児島本線

Tc411-1612　本ミフ　熊本　1988.3.13

鹿児島本線（鹿児島口）

Tc411-616　本カコ　鹿児島中央　2011.2.5

鹿児島本線（博多口）

Tc411-515　本ミフ　博多　1988.3.11

山陽本線（下関口）

Tc411-335　分オイ　小郡　1983.10.28

鹿児島本線（門司港口）

Tc411-1619左1620　本ミフ　門司港　1988.3.11

常磐線（水戸口）・水戸線・両毛線

Tc411-214　水カツ　桐生　1989.11.8.

常磐線（快速）・常磐線（水戸口）

Tc411-1531　水カツ　我孫子　1993.7

常磐線（快速）・常磐線（水戸口）

Tc401-19　水カツ　土浦　1983.10.1

宇部線・山陽本線（下関口）・鹿児島本線（博多口）

Tc421-100　分オイ　宇部新川　1983.10.28

宇部線・山陽本線（下関口）・鹿児島本線（博多口）

Tc421-100　分オイ　小郡　1983.10.28

11

【413系】 北陸本線　Tc455併結　471系からの改造

Mc413-4（旧Mc471-7）　金サワ　加賀温泉　2010.7.2

北陸本線　451系からの改造

Tc412-6（旧Tc451-40）　金サワ　敦賀　2005.3.27

①1986.3　JR西日本
②急行形からの改造車で北陸地区向けの近郊形車両
　両開き2ドア、セミクロスシート
　471,473系の機器活用、主電動機MT54B/D(120KW)、
　歯車比4.21
　直並列、弱界磁、発電ブレーキ、総括制御、
　SELD発電併用電磁直通Br
③Mc413　奇数方先頭車(富山方)
　　0　Mc471からの改造
　　100　Mc473からの改造
　Tc412　偶数方先頭車(敦賀方)
　　0　Tc451及びT451からの改造

北陸本線　471系からの改造

Mc413-1（旧Mc471-8）　金サワ　金沢　1991.10.24

北陸本線　Tc455併結　473系からの改造

Mc413-101（旧Mc473-1）　金サワ　敦賀　2006.8.25

北陸本線　471系からの仕様変更改造

Mc413-8（旧Mc471-15）　金サワ　直江津　2014.10.7

北陸本線　471系からの仕様変更改造

Mc413-1（旧Mc471-8）　金サワ　富山　1991.10.24

北陸本線　471系からの仕様変更改造

Mc413-9（旧Mc471-4）　金サワ　金沢　2012.8.3

北陸本線　471系からの仕様変更改造

Mc413-6（旧Mc471-6）　金サワ　敦賀　2005.3.27

北陸本線　471系からの仕様変更改造

Mc413-10（旧Mc471-11）　金サワ　敦賀　2007.3.10

北陸本線　473系からの仕様変更改造

Mc413-101（旧Mc473-1）　金サワ　富山　2014.6.22

北陸本線　451系からの仕様変更先頭車改造

Tc412-3（旧T451-101）　金サワ　金沢　1991.10.24

北陸本線　451系からの仕様変更先頭車改造

Tc412-8（旧T451-1）　金サワ　富山　2009.2.14

【415系】 北陸本線（金沢口）・七尾線　111系からの交直流化改造

Tc415-802（旧Tc111-342）　金サワ　金沢　2009.2.14

福知山線　快速　111系からの交直流化改造

Tc415-804（旧Tc111-351）　金サワ　大阪　1991.7.3

①1971.4　JR東日本・西日本・九州
②50Hz60Hz両対応交直両用近郊形電車、両開き3ドア、セミクロスシート
　車体、座席は403,423に同一、当初M車のみ製作、Tcは411系使用
　後に七尾線用として他系列からの先頭車改造でMc・Tc車誕生（800番代JR西）
　主電動機MT54B/D(120KW)、歯車比4.82、直並列、弱界磁、
　発電ブレーキ、総括制御
　SED/SELD発電併用電磁直通ブレーキ
③Mc415　七尾方先頭車
　800　Mc113-800からの改造、クロスシート、車端部ロングシート
　Tc415　金沢方(800)・勝田方(1900)
　800　Tc111からの改造、車内Mc415と同一、耐寒耐雪装備
　1900　ステンレス車体、ダブルデッカー車両、
　　　　常磐線用(JR東日本)、試作1両のみ

北陸本線（金沢口）・七尾線　111系からの交直流化改造

Tc415-809（旧Tc111-458）　金サワ　金沢　2014.6.23

常磐線（快速）・常磐線（水戸口）

Tcd415-1901+M415-1535　水カツ　土浦　1998.11

鹿児島本線（博多口）　ロングシート改造車

M414-105　分オイ　荒木　2022.12.15

福知山線　快速　M113-135からの先頭車改造・交直流仕様変更改造

Mc415-805（旧Mc113-801）　金サワ　大阪　1991.7.3

常磐線

M415-716　水カツ　2007.5.18

常磐線

Tc411-310＋M414-5＋M415-5　水カツ　高萩　2007.3.8

北陸本線・七尾線　111系からの交直流仕様変更改造

Tc415-807（旧Tc111-360）　金サワ　金沢　1991.10.24

北陸本線・七尾線　M113-134からの先頭車改造・交直流仕様変更改造

Mc415-804（旧Mc113-802）　金サワ　金沢　1991.10.24

北陸本線・七尾線　111系からの交直流仕様変更改造

Tc415-808（旧Tc111-338）　金サワ　金沢　2014.8.24

常磐（快速）・常磐線（水戸口）

Tcd415-1901　水カツ　水戸　2001.7

15

【417系】 東北本線（仙台口）

Mc417-2　仙セン　仙台　1983.9.3

東北本線（仙台口）

Tc416-1　仙セン　仙台　1983.9.3

①1978 ～ 2008.8　JR東日本
②仙台地区用の近郊電車、両開き2ドア、
　セミクロスシート、3両編成
　空気ばね台車
　主電動機MT54E(120KW)、歯車比4.82
　直並列、弱界磁、発電ブレーキ、総括制御
　SELD発電併用電磁直通ブレーキ
③Mc417　奇数方先頭車(仙台方)
　Tc416　偶数方先頭車(福島方)

東北本線（仙台口）

Mc417-1　仙セン　松島　2000.8.20

東北本線（仙台口）

Tc416-4　仙セン　郡山　2005.8.21

【419系】 北陸本線 583系からの419系先頭車改造

Mc419-8（旧Mn583-72） 金フイ 芦原温泉 2009.7.4

北陸本線 581系からの改造

Tc419-3（旧Tnc581-27） 金フイ 敦賀 2006.8.25

①1985.3 ～ 2012.9　JR西日本
②583系改造の近郊形交直流電車、3両編成、北陸地区用
　583系の車体、機器類を流用、主電動機MT54B(120KW)、
　歯車比5.60
　直並列、弱界磁、勾配抑速発電ブレーキ、総括制御
　SELD発電併用電磁直通ブレーキ、折戸2ドア
③Mc419　奇数方先頭車(金沢方)
　0　Mn583の改造、切妻形運転台
　Tc419　偶数方先頭車(米原方)
　0　Tnc581の改造、先頭部はTnc581と同一
　Tc418　偶数方先頭車(米原方)
　0　Tn581の改造、切妻形運転台

北陸本線 581系からの改造

Tc419-1（旧Tnc581-13） 金サワ 金沢 1991.10.24

北陸本線 581系からの先頭車改造

Tc418-4（旧Tn581-10） 金フイ 近江塩津 2006.8.25

【421系】 宇部線・山陽本線（下関口）・鹿児島本線（博多口）

Tc421-99＋M423-27　分オイ　宇部新川　1983.10.28

鹿児島本線（博多口）

Tc421-90＋M422-22　分オイ　下関　1994.11.26

①1960.12製、1961.6 ～ 1995　JR九州
②北九州地区近郊用、4両編成
　60Hz用交直流対応電車、両開き3ドア、セミクロスシート
　主電動機MT46B(100KW)、歯車比4.82
　直並列、弱界磁、発電ブレーキ、総括制御
　SED/SELD発電併用電磁直通ブレーキ
③Tc421　奇数車番号(門司港方) , 偶数者番号(大分・熊本方)
　1 ～ 20　低運転台
　21 ～　高運転台

長崎本線

Tc421-96＋M422-25　分オイ　肥前山口　1988.3.12

日豊本線（大分口）

Tc421-63＋M421-22＋M420-22　分オイ　大分　1988.3.10

【423系】 鹿児島本線（博多口）

①1965～2000
　JR九州
②421系の出力増強型
　M車のみ製造
　Tcは421系使用
　両開き3ドア
　セミクロスシート
　4両編成
　主電動機
　MT54/54B(120KW)
　歯車比4.82
　直並列、弱界磁、
　発電ブレーキ、
　総括制御
　SED/SELD
　発電併用電磁直通Br
③Tc421
　奇数番号先頭車
　(門司港方)
　偶数番号先頭車
　(大分・久留米方)

Tc421-67＋M423-11＋M422-11＋Tc421-68（421系＋423系）　分オイ　小倉　1988.3.10

鹿児島本線（博多口）

Tc421-41＋M423-1＋M422-1　分オイ　博多　1988.3.11

山陽本線（下関口）

Tc421-44＋M422-2＋M423-2　分オイ　小郡　1983.10.28

日豊本線

Tc421-78＋M422-16＋M423-16　分オイ　別府　2000.3.17

日豊本線

Tc421-105＋M423-30　分オイ　大分　1988.3.10

【441系】 事業用車

クモヤ441-5　水カツ　勝田車両センター　2002.10.26

クモヤ441-5　水カツ　勝田車両センター　2002.10.26

①1976.12改〜2006.9
②事業用車　交直流牽引車、M72からの改造車
　　主電動機MT40C(142KW)、歯車比2.87
　　直並列、弱界磁、総括制御
　　SED発電併用電磁直通ブレーキ
③クモヤ441-5(水カツ)　M72857からの改造(1977.9〜2003.5)
　　クモヤ440-1(分オイ)　M72278からの改造(1970.4〜1990.3)

【443系】

①1975.6〜2003.8(水カツ)
②事業用車、交直流電気試験車、交流区間50Hz60Hz両用
　　主電動機MT54D(120KW)、
　　歯車比3.50
　　直並列、弱界磁、発電ブレーキ、総括制御
　　SELD発電併用電磁直通ブレーキ、抑速ブレーキ
③クモヤ443　架線試験車
　　クモヤ442　信号関係試験車、クモヤ443とペア

電気検測車

クモヤ442-1　水カツ　盛岡　1998.5.26

【451系】 常磐線（仙台口）

Tc451-39　水カツ　仙台　1983.9.3

北陸本線

Tc451-34　金サワ　米原　1982.12.24

①1962.7 ～ 2011.6
②50Hz用交直両用急行形車両、片開き2ドア、クロスシート
　耐寒耐雪構造、
　主電動機MT46B(100KW)、歯車比4.21
　直並列、弱界磁、発電ブレーキ、総括制御
　SELD発電併用電磁直通ブレーキ
③Tc451　偶数方先頭車(上野方・米原方)
　0　JR東日本・西日本
　Mc451　奇数方先頭車(勝田方)
　0　JR東日本、M450とペア

常磐線（水戸口）・常磐線（快速）　急行

Tc451-29　水カツ　金町-松戸　1982.10.23

常磐線（快速）・常磐線（水戸口）　急行

Tc451-14　水カツ　上野　1985.3.13

東北本線（上野口）　急行

Tc451-9　水カツ　大宮　1985.3.13

常磐線（快速）・常磐線（水戸口）　急行

Tc451-22　水カツ　上野　1983.9.18

東北本線（仙台口）

Tc451-22　仙セン　仙台　1989.3

常磐線（快速）・常磐線（水戸口）

Tc451-27　水カツ　我孫子　1983.10.1

仙山線　快速

Tc451-72　仙セン　仙台　1990.11.6

東北本線（上野口）　急行

Tc451　仙セン　白岡-久喜　1976

常磐線　準急

Tc451-11　水カツ　上野　1964.10

北陸本線

Tc451-30　金サワ　富山　2009.7.4

【453系】 常磐線（仙台口）・東北本線（仙台口） 急行

Mc453-9＋M452-9　水カツ　仙台　1983.9.3

常磐線・常磐線（快速）　急行

Mc453-17＋M452-17　水カツ　上野　1982.10.30

①1963.7 ～ 1992　JR東日本
②50Hz用交直両用急行形車両、451系の出力増強型(50Hz)、
　片開き2ドア、クロスシート
　主電動機MT54(120KW)、歯車比4.21
　直並列、弱界磁、発電ブレーキ、総括制御
　SELD発電併用電磁直通ブレーキ
③Mc453　奇数方先頭車(勝田・仙台・山形・会津若松方)
　0　M452とペア

東北本線（上野口）　急行

Mc453-3＋M452-3　水カツ　大宮　1985.3.13

東北本線（仙台口）

Mc453-4＋M452-4　仙セン　仙台　1990.11.6

【455系】 北陸本線

Tc455-59　金サワ　富山　2012.8.3

①1965.5 ～ 2022.9
②453系の改良型、抑速ブレーキ付
　晩年は他系列も含み近郊化改造(出入口付近ロングシート等)
　直並列、弱界磁、勾配抑速発電ブレーキ、総括制御、
　SED/SELD発電併用電磁直通Br
③Mc455　奇数方先頭車
　0　主電動機MT54,MT54B(120KW)、歯車比4.21、M454とペア
　200　Mc453からの改造
　Tc455　偶数方先頭車
　0　量産車
　200　Tc451からの改造
　300　Tc165,Tc169からの改造
　400　Mc165,Mc169-900からの改造
　500　T165からの先頭車改造
　600　Ts455,Ts165からの先頭車改造
　700　T455からの先頭車改造
　Thsc455
　1　Tc455-44からの半室グリーン車改造

東北本線（上野口）　急行

Tc455-73　仙セン　上野　1985.3.13

常磐線（仙台口）

Mc455-32　水カツ　仙台　1983.9.3

日豊本線

Tc455-70　分オイ　別府　2000.3.17

東北本線（仙台口）　快速

Tc455-3　仙セン　仙台　1983.9.3

東北本線（仙台口）

Mc455-22　仙セン　仙台　1983.9.3

東北本線（上野口）　急行　165系からの改造

Tc455-313（旧Tc165-171）　仙セン　上野　1985.3.13

東北本線（上野口）　急行

Tc455-51　仙セン　大宮　1985.3.13

東北本線（仙台口）

Mc455-41　仙セン　仙台　2001.8.25

磐越西線　快速　165系からの先頭車改造

Tc455-503（旧T165-3）　仙セン　会津若松　2004.7.31

仙山線　快速　仕様変更

Mc455-202（旧Mc453-20）　仙セン　山形　1992.6.23

磐越西線　快速　グリーン車化改造

Tsc455-1（Tc455-44）　仙セン　郡山　1990.11.6

北陸本線

Tc455-14　金サワ　富山　1983.10.27

北陸本線・湖西線

Tc455-20　金サワ　近江今津　2005.3.27

北陸本線

Tc455-56　金サワ　金沢　1991.10.24

北陸本線

Tc455-60　金サワ　富山　2010.7.2

北陸本線　413系併結　先頭車改造

Tc455-701（旧T455-1）　金サワ　富山　2009.7.4

鹿児島本線（鹿児島口）

Tc455-8　本カコ　鹿児島中央　2004.9.28

鹿児島本線（鹿児島口）

Tc455-22　鹿カコ　西鹿児島　1997.5.17

鹿児島本線（鹿児島口）　先頭車改造

Tc455-605（旧Ts455-45）　本カコ　鹿児島中央　2004.9.28

仙山線　165系からの改造

Tc455-314（旧Tc165-179）　仙セン　山形　1992.6.23

鹿児島本線（鹿児島口）　169系からの改造

Tc455-322（旧Tc169-902）　鹿カコ　西鹿児島　1997.5.17

日豊本線（宮崎口）　169系からの改造

Tc455-403（旧Mc169-902）　分オイ　南宮崎　1997.5.17

磐越西線　快速　169系からの改造

Tc455-402（旧Mc169-901）　仙セン　郡山　1995.10.16

東北本線（仙台口）　165系からの先頭車改造

Tc455-505（旧T165-5）　仙セン　岩切　2001.8.25

仙山線　165系からの先頭車改造線

Tc455-609（旧Ts165-124）　仙セン　仙台　1989.3

鹿児島本線（鹿児島口）　先頭車改造

Tc455-604（旧Ts455-44）　鹿カコ　西鹿児島　1997.5.17

日豊本線（宮崎口）　快速　165系からの先頭車改造

Tc455-606（旧Ts165-101）　鹿カコ　南宮崎　1997.5.17

【457系】

Mc457-19　金サワ　松任工場　2014.8.23

東北本線（上野口）　急行

Mc457-11　仙セン　南浦和-蕨　1982.10.23

①1969.9 ～ 2015.5　JR東日本・西日本・九州
②60Hz50Hz両対応交直両用急行形電車、
　片開き2ドア、クロスシート
　晩年は他系列も含み近郊化改造(出入口付近ロングシート等)
　直並列、弱界磁、勾配抑速発電ブレーキ、総括制御、
　SED/SELD発電併用電磁直通ブレーキ、抑速ブレーキ
③Mc457　奇数方先頭車(仙台・山形・富山・大分方)
　0　主電動機MT54B(120KW)、歯車比4.21、M456とペア

鹿児島本線（鹿児島口）

Mc457-2　本カコ　鹿児島中央　2004.9.29

常磐線（水戸口）

Mc457-12　仙セン　勝田　2004.7.24

仙山線　快速

Mc457-12　仙セン　仙台　2000.8.20

仙山線

Mc457-12　仙セン　仙台　1996.7.28

東北本線（仙台口）

Mc457-1　仙セン　岩切　2001.8.25

東北本線（仙台口）

Mc457-11　仙セン　岩切　2001.8.25

日豊本線

Mc457-6　分オイ　大分　1988.3.10

日豊本線

Mc457-8　分オイ　大分　1988.3.10

日豊本線

Mc457-15　分オイ　南宮崎　1997.5.17

北陸本線

Mc457-18　金サワ　芦原温泉　2009.7.4

【471系】 北陸本線

Mc471-1　金サワ　富山　2009.2.14

山陽本線　急行

Mc471　大阪　1969.3.15

①1963.4 ～ 2011.6　JR西日本
②60Hz用交直両用急行形車両、片開き2ドア、クロスシート
　晩年は近郊化改造(出入口付近ロングシート等)
　直並列、弱界磁、発電ブレーキ、総括制御
　SELD発電併用電磁直通ブレーキ
③Mc471　奇数方先頭車(富山方)
　0　主電動機MT46B(100KW)後にMT54(120KW)へ、
　　　M470とペア、歯車比4.21

北陸本線

Mc471-2　金サワ　金沢　1995.9.12

北陸本線

Mc471-11　金サワ　富山　1983.10.27

【473系】

①1965.2 ～ 1986　JR西日本
②471系の出力増強型
　Mc473-1とM472-1の1本のみ製造、制御車は471系と併結
　直並列、弱界磁、発電ブレーキ、総括制御
　SELD発電併用電磁直通空気ブレーキ
③Mc473　奇数方先頭車(富山方)
　1　主電動機MT54(120KW)、歯車比4.21、M472-1とペア

(471系つづき)

北陸本線

Mc471-2　金サワ　富山　2009.7.4

北陸本線

Mc471-2　金サワ　富山　1983.10.27

北陸本線

M470-1　金サワ　富山　2009.7.4

北陸本線

金サワ　富山　1969.3.14

北陸本線

Tc451-33+M470-2+Mc471-2　金サワ　富山　1991.10.24

北陸本線

Tc451-30+M470-2+Mc471-2　金サワ　富山　2009.7.4

31

【475系】 北陸本線

Mc475-46　金サワ　富山　2010.7.2

北陸本線・湖西線

Mc475-45　金サワ　近江塩津　2006.8.25

北陸本線

Mc475-45　金サワ　富山　2010.7.2

①1965.10 ～ 2017.3　JR西日本、JR九州
②473系の改良型
　　60Hz用交直両用急行形車両、片開き2ドア、クロスシート
　　晩年は近郊化改造(出入口付近ロングシート等)
　　直並列、弱界磁、勾配抑速発電ブレーキ、総括制御、
　　SED/SELD発電併用電磁直通ブレーキ、抑速ブレーキ
③Mc475　奇数方先頭車(富山・大分・熊本方)
　　0　主電動機MT54,MT54B(120KW)、歯車比4.21
　　　　M474とペア

日豊本線・宮崎空港線

Mc475-14　鹿カコ　宮崎空港　1997.5.16

北陸本線

Mc475-43　金サワ　富山　1983.10.27

北陸本線

Mc475-48　金サワ　富山　1983.10.27

北陸本線

Mc475-46　金サワ　敦賀　2007.3.10

北陸本線・湖西線

Mc475-47　金サワ　近江今津　2005.3.27

日豊本線

Mc475-3　鹿カコ　西鹿児島　1997.5.17

鹿児島本線

Mc475-29　鹿カコ　西鹿児島　1997.5.17

鹿児島本線・日豊本線

Mc475-20　本カコ　鹿児島中央　2004.9.28

鹿児島本線

Mc475-28　鹿カコ　熊本　1988.3.13

【481系】鹿児島本線（博多口）・長崎本線　かもめ

Tsc481-102　鹿カコ　肥前白石-肥前山口　1988.3.12

常磐線（快速）・常磐線　ひたち

Tc481-8　水カツ　上野　1985.3.13

東海道本線（大阪口）・湖西線・北陸本線（金沢口）　雷鳥　489系からの先頭車改造

Tsc481-2005（旧Ts489-1009）　京キト　芦原温泉　2009.7.4

北陸本線・信越本線（新潟口）　北越

Tc481-1007　新ニイ　新津　2012.6.21

北陸本線・東海道本線（名古屋口）　しらさぎ

Tc481-224　金サワ　富山　1983.10.27

①1964.10 ～ 2019.10
②最初の交直両用特急形電車、M車は60Hz用、制御車は485系と連結使用可能
　当初北陸線富山電化に伴い雷鳥・しらさぎとして活用、後に熊本電化後九州特急用有明・にちりんとして使用。
　直並列、弱界磁、勾配抑速発電ブレーキ、総括制御
　主電動機MT54(120KW)、歯車比3.50、SED発電併用電磁直通空気ブレーキ、抑速ブレーキ
　耐寒耐雪構造、戻しノッチ制御
③Tc481
0　　　ボンネット形、MG150kva(ボンネット内)
100　　ボンネット形、MG増強200kva(床下)
200　　正面貫通形、MG210kva、分割併合運転可能、一部非貫通形に改造
300　　正面非貫通形、MG210kva、列車愛称幕拡大電動化
500　　Tc181,Tc180からの改造、ボンネット形、MG150kva
600　　Tsc481からの改造、ボンネット形、MG150kva
700　　T489からの改造、非貫通形、MG210kva
750　　T489-200からの改造、非貫通形、MG160kva
800　　Tc480-8,9からの改造、貫通形、MG210kva
850　　Tc480-5からの改造、貫通形、MG160kva
1000　耐寒耐雪構造、非貫通形、MG210kva
1100　Tsc481-1000からの改造、非貫通形、MG210kva
1500　北海道向けに製作、運転台上前照灯2灯化、
　　　　非貫通形、MG210kva
3000　1000番代のリニューアル改造、非貫通形
Tsc481
0　　　ボンネット形
50　　　ボンネット形、Ts481からの改造、MG150kva
100　　ボンネット形、新造車、MG増強10kva(床下)
300　　Tc481-243の改造、貫通形
1500　いろどりへ改造
2000　Ts489からの先頭車改造、パノラマ車
2100　T481からの先頭車改造、パノラマ車
2200　Tc481-224のグリーン車化改造、貫通形
2300　Tc481-300のグリーン車化改造、非貫通形
2350　Tc489-300のグリーン車化改造
Thsc481
0　　　Tc481の半室グリーン車化改造、非貫通形
200　　Tc481-200の半室グリーン車化改造、非貫通形
300　　Tc481-300の半室グリーン車化改造、非貫通形
1000　Tc481-1000の半室グリーン車化改造、非貫通形
1500　Tc481-1500の半室グリーン車化改造、非貫通形
3000　1000番代のリニューアル改造、非貫通形
Tc480
0　　　T489,T481の先頭車改造、非貫通形、MGなし
Tsc480
0　　　Ts481の先頭車改造、非貫通形、MG110kva,210kva
1000　Ts489-1000の先頭車改造、非貫通形、MG210kva
2300　Tsc480-1002の改造
Thsc480
50　　　Tsc480の半室グリーン車化改造

東北本線（上野口・青森口）　はつかり

Tc481-1500番台　盛アオ　南浦和-蕨　1982.10.23

東北本線（上野口・青森口）　はつかり

Tc481-200番代　盛アオ　南浦和-蕨　1982.10.23

東北本線（上野口）・上越線・信越本線（新潟口）　いなほ

Tc481-261　盛アオ　南浦和-蕨　1982.11.14

東北本線（上野口）・奥羽本線（山形口）　やまばと

Tc481-1000番代　秋アキ　南浦和-蕨　1982.10.23

常磐線（快速）・常磐線　ひたち

Tc481-15　水カツ　上野　1985.3.13

常磐線（快速）・常磐線　ひたち

Tc481-19　水カツ　上野　1985.3.13

常磐線（快速）・常磐線　ひたち

Tc481-32　水カツ　土浦　1998.11

常磐線（快速）・常磐線　ひたち

Tc481-36　水カツ　上野　1985.3.13

常磐線（快速）・常磐線　ひたち

Tc481-332　水カツ　上野　1993.8

常磐線（快速）・常磐線　ひたち

Tc481-332　水カツ　北千住　1996.7

上越線　団体

Tc481-345　水カツ　水上　2005.3.26

常磐線・武蔵野線・横須賀線　急行ぶらり鎌倉号

Tc481-1504　水カツ　武蔵浦和　2006.6.10

北陸本線　加越

Tc481-343　金サワ　富山　1983.10.27

北陸本線・湖西線・東海道本線（大阪口）　雷鳥

Tc481-120　本ムコ　金沢　1991.10.24

北陸本線・湖西線・東海道本線（大阪口）　スーパー雷鳥　489系からの先頭車改造

Tsc481-2001（旧Ts489-1001）　京キト　敦賀　2005.3.27

北陸本線・湖西線・東海道本線（大阪口）　スーパー雷鳥　先頭車改造

Tsc481-2101（旧T481-118）　金サワ　京都　1989.9.8

北陸本線・湖西線・東海道本線（大阪口）　雷鳥　グリーン車化改造

Tsc481-2303（旧Tc481-327）　京キト　敦賀　2007.3.10

北陸本線・信越本線（新潟口）　北越

Tc481-112　金サワ　富山　1991.10.24

北陸本線・信越本線（新潟口）　かがやき　グリーン車化改造

Tsc481-2302（旧Tc481-325）　金サワ　金沢　1991.10.24

北陸本線・信越本線（新潟口）　きらめき

Tc481-224　金サワ　金沢　1991.10.24

東海道本線（京都口）　びわこライナー

Tc481-322　本ムコ　京都　1989.9.8

福知山線　北近畿　半室グリーン化改造

Thsc481-215（旧Tc481-205）　福フチ　大阪　1988.3.9

北陸本線　加越　グリーン車化改造

Tsc481-2201（旧Tc481-224）　米原　2003.3.20

奥羽本線・羽越本線・信越本線・北陸本線・東海道本線　白鳥

Tc481-30　新カヌ　秋田　1995.7.5

福知山線　北近畿　T481-19からの先頭車改造

Tc481-801（旧Tc480-8）　福フチ　大阪　1988.3.9

東海道本線・北陸本線・信越本線・羽越本線・奥羽本線　白鳥

Tc481-0番代　新カヌ　長岡　1989.4

奥羽本線・羽越本線・信越本線・北陸本線・東海道本線　白鳥

Tc481-347　盛アオ　富山　1983.10.27

奥羽本線・羽越本線・信越本線・北陸本線・東海道本線　白鳥

Tc481-1502　新カヌ　秋田　1995.7.5

信越本線（新潟口）　快速くびき野

Tc481-333　新ニイ　宮内　2005.9.2

信越本線（新潟口）　快速くびき野

Tc481-1502　新ニイ　東三条　2005.9.9

奥羽本線　かもしか　半室グリーン車化改造

Thsc481-1003（旧Tc481-1012）　秋アキ　青森　2006.5.19

北陸本線・信越本線（新潟口）　みのり　半室グリーン車化改造

Thsc481-1018（旧Tc481-1033）　新カヌ　直江津　1997.10

白新線・羽越本線　いなほ

Tc481-351　新ニイ　新潟　2005.9.4

白新線・羽越本線　いなほ　Tc481-1040からの改造車

Thsc481-3027（旧Thsc481-1027）　新ニイ　新潟　2005.9.4

白新線・羽越本線　いなほ

Tc481-1506　秋アキ　秋田　1995.7.5

信越本線・北陸本線・湖西線・東海道本線（大阪口）　雷鳥

Tc481-1507　新カヌ　新潟　1989.4

鹿児島本線（博多口）・長崎本線・佐世保線　みどり　仕様変更

Thsc480-51（Tsc480-11）　本ミフ　大町-肥前山口　1988.3.12

佐世保線・長崎本線・鹿児島本線（博多口）　みどり　仕様変更

Thsc480-52（旧Tsc480-12）　本ミフ　肥前山口　1988.3.12

佐世保線・長崎本線・鹿児島本線（博多口）　みどり　489系からの先頭車改造

Tc480-9（旧T489-201）　本ミフ　肥前山口　1988.3.12

鹿児島本線（博多口）・長崎本線・佐世保線　みどり

Tc481-33　本ミフ　肥前山口　1988.3.12

鹿児島本線（博多口）・長崎本線　かもめ　仕様変更

Tc481-602（旧Tsc481-4）　本ミフ　肥前山口　1988.3.12

鹿児島本線（博多口）・長崎本線　かもめ

Tc481-330　本ミフ　肥前山口　1988.3.12

留置中　かもめ

Tc481-　本ミフ　南福岡電車区　1988.3.12

鹿児島本線（博多口）・長崎本線　かもめ

Tc481-240　本ミフ　博多　1994.11.28

日豊本線　にちりん

Tc481-256　分オイ　宮崎　2011.2.5

鹿児島本線（博多口）・日豊本線　にちりん

Tc481-207　分オイ　博多　1994.11.26

鹿児島本線（博多口）・日豊本線　にちりん

Tsc481-104　鹿カコ　博多　1994.11.27

鹿児島本線

Tc481-35　鹿カコ　博多　1994.11.27

日豊本線　にちりん　仕様変更

Tc481-603（旧Tsc481-5）　鹿カコ　大分　1988.3.10

鹿児島本線（博多口）・長崎本線・佐世保線　みどり

Tc481-208　本ミフ　博多　1994.11.26

鹿児島本線・長崎本線・佐世保線・大村線　ハウステンボス

Tc481-238　本ミフ　博多　1994.11.28

鹿児島本線　有明　先頭車改造

Tsc480-8（旧Ts481-64）　本ミフ　博多　1988.3.11

日豊本線　にちりん　仕様変更

Thsc481-2（旧Tc481-232）　分オイ　南宮崎　1997.5.16

日豊本線　にちりん　仕様変更

Thsc481-201（旧Tc481-236）　本ミフ　別府　2000.3.17

留置中　K&Hきりしま　仕様変更

Thsc481-7（旧Tc481-251）　鹿カコ　鹿児島総合車両所　2004.9.29

日豊本線・宮崎空港線　にちりん　仕様変更

Thsc481-208（旧Tc481-259）　分オイ　宮崎空港　1997.5.16

先頭車改造

Tc480-1（旧T481-12）　分オイ　別府　2000.3.17

日豊本線　きりしま

Tc481-225　鹿カコ　鹿児島中央　2004.9.28

日豊本線　きりしま

Tc481-220　鹿カコ　南宮崎　1997.5.16

日豊本線　きりしま

Tc481-215　鹿カコ　南宮崎　1997.5.17

北陸本線・信越本線・上越線・高崎線・東北本線（上野口）　急行能登

Thsc481-1028（旧Tc481-1019）　新ニイ　赤羽-東十条　2010.7.10

東北本線・湘南新宿ライン　スペーシア　正面改造

Tc481-334　宮ヤマ　赤羽-東十条　2006.6.4

東北本線（上野口）　いろどり　仕様変更・正面改造

Tsc481-1502（旧Tc481-1502）　長ナノ　東十条-王子　2007.9.2

武蔵野線　いろどり　仕様変更・正面改造

Tsc481-1503（旧Tc481-1503）　長ナノ　新座　2007.1.27

湘南新宿ライン・東北本線・磐越西線　あいづ

Tc481-1017　仙セン　池袋　2005.7.3

東北本線（上野口）・磐越西線　あいづ

Tc481-1015　仙セン　東十条-王子　2008.7.21

磐越西線　あいづ

Tc481-345　仙セン　郡山　2000.10.20

磐越西線　あいづ　仕様変更

Thsc481-1501（旧Tc481-1104）　仙セン　郡山　2000.10.20

上越線・ほくほく線・北陸本線　はくたか　仕様変更

Tsc481-2303(旧Tc481-327)　金サワ　越後湯沢　1997.10

上越線・ほくほく線・北陸本線　はくたか　仕様変更・前面改造

Tc481-3034(旧Thsc481-1006)　新カヌ　越後湯沢　1998.6.13

上越線・ほくほく線・北陸本線　はくたか

Tc481-1504　新カヌ　越後湯沢　1997.12.4

上越線・ほくほく線・北陸本線　はくたか

Tc481-309　金サワ　直江津　1997.10

湘南新宿ライン・東北本線・磐越西線　快速フェアーウェイ

Tc481-347　新ニイ　会津若松　2004.8.29

東北本線（上野口）・磐越西線　快速フェアーウェイ

Tc481-1508　新ニイ　東十条-王子　2004.6.6

東北本線（上野口）・仙山線・奥羽本線　つばさ　仕様変更

Thsc481-1006(旧Tc481-1034)　秋アキ　山形　1992.6.23

湘南新宿ライン・東北本線・磐越西線　快速フェアーウェイ

Tc481-346　新カヌ　東十条-王子　2003.9.6

津軽線・津軽海峡線・江差線・函館本線（函館口）　白鳥　RN前面改造

Tc481-3010（旧Tc481-1010）　盛アオ　青森　2006.5.19

奥羽本線　つがる　RN前面改造

Tc481-3005（旧Tc481-1005）　盛アオ　青森　2006.5.19

津軽線・津軽海峡線・江差線・函館本線（函館口）　はつかり　仕様変更

Thsc481-1013（旧Tc481-1015）　盛アオ　青森　1999.11.9

津軽線・津軽海峡線・江差線・函館本線（函館口）　はつかり　RN前面改造

Thsc481-3019（Thsc481-1019）　盛アオ　函館　1999.11.8

東北本線（青森口）・奥羽本線（青森口）　白鳥　RN前面改造

Tc481-3030（Tc481-1030）　盛アオ　八戸　2003.3.9

東北本線（盛岡口）　はつかり　RN前面改造

Tc481-3022（旧Tc481-1022）　盛アオ　盛岡　1998.5.26

奥羽本線（秋田口）・田沢湖線　たざわ　仕様変更

Thsc481-303（旧Tc481-348）　秋アキ　秋田　1995.7.5

奥羽本線（秋田口・山形口）　こまくさ　仕様変更

Thsc481-1006（Tc481-1034）　秋アキ　秋田　1995.7.5

東海道本線（大阪口）・北陸本線　雷鳥

Tc481-0番代　富山　1970.3

東海道本線（大阪口）・北陸本線　雷鳥

Tc481-0番代　大阪　1982.12.29

東海道本線（名古屋口）・北陸本線　しらさぎ

Tc481-0番代　富山　1969.3.15

東海道本線（名古屋口）・北陸本線　しらさぎ

Tc481-200番代　米原　1982.12.24

常磐線　ひたち

Tc481　上野　1982.10.30

東北本線（上野口）　ひばり

Tc481　上野　1982.11

福知山線　北近畿　489系からの先頭車改造

Tc481-751（旧T489-202）　福フチ　大阪　1988.3.9

福知山線　北近畿　T481-17からの先頭車改造

Tc481-802（旧Tc480-6）　福フチ　大阪　1988.3.9

東北本線（上野口）　ひばり

Tc481-0番代　白岡-久喜　1976

東北本線（上野口）　ひばり

Tc481-1000番代　白岡-久喜　1976

東北本線（上野口）　つばさ

Tc481-1000番代　白岡-久喜　1976

東北本線（上野口）　はつかり

Tc481-1000番代　白岡-久喜　1976

東北本線（上野口）・磐越西線　あいづ

Tc481-0番代　上野　1982.10.30

東海道本線（大阪口）・山陽本線　みどり

Tc481-0番代　大阪　1969.3.15

北陸本線・湖西線・東海道本線（大阪口）　スーパー雷鳥　489系からの先頭車改造

Tsc481-2004（旧Ts489-1007）　京キト　敦賀　2005.3.27

東北本線　リバイバルひばり　仕様変更

Thsc481-1028（旧Tc481-1019）　盛アオ　東十条-王子　2001.8.24

東北本線（上野口）　鳥海

Tc481-257　盛アオ　大宮　1985.3.9

東北本線（上野口）　つばさ

Tc481-1000番代　秋アキ　南浦和-蕨　1982.10.23

東北本線（上野口）・奥羽本線　いなほ

Tc481-1000番代　南浦和-蕨　1982.10.23

東北本線（上野口）・奥羽本線　やまばと

Tc481-1000番代　南浦和-蕨　1982.11.14

東北本線（上野口）・奥羽本線　いなほ

Tc481-300番代　南浦和-蕨　1982.10.23

北陸本線・東海道本線（名古屋口）　しらさぎ

Tc481-200番代　米原　1982.12.24

東海道本線（大阪口）・湖西線・北陸本線・信越本線・羽越本線・奥羽本線　白鳥

Tc481-200番代　京キト　大阪　1982.12.29

東海道本線（大阪口）・湖西線・北陸本線　雷鳥

Tc481-126　京キト　大阪　1999.9.9

東北本線（上野口）　新雪

Tc481　新雪　上野

東北本線（上野口）　つばさ

Tc481-1000番代　秋アキ　上野　1982.10.30

東北本線（上野口）　ひばり

Tc481-0番代　上野

東北本線（上野口）　ひばり

Tc481-0番代　上野　1967.2.5

東北本線　はつかり

Tc481-1500番代　盛アオ　上野　1982.11.14

東北本線（盛岡口）　はつかり

Tc481-3005　盛アオ　盛岡　1998.5.26

東北本線・磐越西線　あいず

東北本線（上野口）　やまびこ

Tc481　上野

Tc481　上野

【483系】

①1965.6 ～ 1990.5
②50Hz用交直両用特急車両、M車M483,M482の各15両のみ製造、制御車はTc481を使用
  東北本線ひばり用として登場
  主電動機MT54(120KW)、歯車比3.50
  直並列、弱界磁、勾配抑速発電ブレーキ、総括制御、
  SED/SELD発電併用電磁直通ブレーキ

(以下6枚は485系)

白新線・羽越本線　きらきらうえつ　仕様変更改造

Tc485-701(旧Tc481-349)　新ニイ　新潟　2014.6.21

武蔵野線　NO.DO.KA　Ts189-2からの先頭車改造・仕様変更

Mc485-701(旧Msc485-1)　新カヌ　武蔵浦和　2003.1.26

ジパング　Tc481-40からの仕様変更改造

Tc485-704(旧Tsc485-4)　盛モリ　尾久IV　2014.11.15

東海道本線　華　仕様変更・正面改造

Tsc485-2(旧Tc481-21)　高タカ　根府川　2019.10.27

湘南新宿ライン・高崎線・上越線・吾妻線　やまどり(リゾート草津)

Tc485-703(旧Tsc485-5)　高タカ　東十条-王子　2011.9.18

せせらぎ　Ts481-1504からの先頭車改造・仕様変更改造

Tsc484-7(旧Tc481-1107)　高タカ　大井工場IV　2008.8.23

【485系】 日豊本線　にちりん　先頭車改造

Mc485-6（旧M485-104）　本ミフ　大分　1988.3.10

日豊本線　きりしま　先頭車改造

Mc485-106（旧M485-243）　鹿カコ　南宮崎　1997.5.16

鹿児島本線　有明　先頭車改造

Mc485-1（旧M485-97）　本ミフ　博多　1988.3.11

①1968.7
②50Hz60Hz用交直両用特急車両、M車のみ製造、制御車はTc481を使用
　後に改造制御車多数、主電動機MT54B,MT54D(120KW)、
　歯車比3.50、抑速ブレーキ
　直並列、弱界磁、勾配抑速発電ブレーキ、総括制御、
　SED/SELD発電併用電磁直通Br
③Tc485
701　Tc481-349からの改造「きらきらうえつ」(JR東日本)
703　Tsc485-5せせらぎからの改造「やまどり」(JR東日本)
Tsc485
1　Tc481-25からの改造「宴」(JR東日本)
2　Tc481-21からの改造「華」(JR東日本)
3　Ts481-1007からの改造「ニューなのはな」(JR東日本)
4　Tc481-40からの改造「やまなみ」(JR東日本)
5　改造「せせらぎ」(JR東日本)
Mc485
0　M485からの先頭車改造、非貫通形、MG110kva(JR九州)
100　M485からの先頭車改造、非貫通形、MGなし(JR九州)
200　M485からの先頭車改造、貫通形、MGなし(JR西日本)
701　Msc485-1からの改造「シルフィード」→「NoDoKa」(JR東日本)
1000　M485-1000の改造、非貫通形、MGなし(JR東日本)
Msc485
1　Ts189の改造、「シルフィード」→Mc485-701に改造(JR東日本)
2　Ts189-5からの改造「ゆう」(JR東日本)
Tc484
701　Tsc484-1の改造「シルフィード」後に「NoDoKa」に改造(JR東日本)
702　Tc481-753からの改造「きらきらうえつ」(JR東日本)
703　Tsc484-7「せせらぎ」からの改造「やまどり」(JR東日本)
Tsc484
1　Ts189の改造「シルフィード」→Tc484-701に改造(JR東日本)
2　Ts183-1008からの改造「ゆう」(JR東日本)
3　Tc481-22からの改造「宴」(JR東日本)
4　Tc481-28からの改造「華」(JR東日本)
5　Ts481-1506からの改造「ニューなのはな」(JR東日本)
6　Ts481-34からの改造「やまなみ」(JR東日本)
7　改造「せせらぎ」(JR東日本)

鹿児島本線・長崎本線・佐世保線　ハウステンボス　先頭車改造

Mc485-103（旧M485-240）　本ミフ　博多　1994.11.28

日豊本線　さわやかライナー　先頭車改造

Mc485-108（旧M485-245）　本カコ　鹿児島中央　2011.2.5

奥羽本線　かもしか　先頭車改造

Mc485-1006（旧M485-1079）　秋アキ　弘前　2006.5.19

M484-1021　新ニイ　会津若松　2004.9.4

日豊本線　きりしま　先頭車改造

Mc485-101（旧M485-202）　鹿カコ　南宮崎　1997.5.17

鹿児島本線・日豊本線　にちりん　先頭車改造

Mc485-1（旧M485-97）　鹿カコ　博多　1994.11.27

七尾線・北陸本線　雷鳥（増結）　先頭車改造

Mc485-204（旧M485-236）　金サワ　金沢　1991.10.24

東北本線（上野口）　宴　仕様変更改造

Tsc485-1（旧Tc481-25）　東ヤマ　東十条-王子　1994.10.15

高崎線・武蔵野線・常磐線（快速）　やまどり　仕様変更改造

Tc484-703（旧Tsc484-7）　高タカ　南柏　2018.3.11

総武線（快速）・貨物線ツアー　華　仕様変更改造

Tsc484-4（旧Tc481-28）　高タカ　両国　2019.10.27

湘南新宿ライン・東北本線（上野口）・高崎線　せせらぎ・やまなみ併結

Tsc485-5（旧Tc481-1105）　高シマ　東十条-王子　2001.8

高崎線・東北本線（上野口）　やまなみ　仕様変更改造

Tsc484-6（旧Tc481-34）　高シマ　東十条-王子　2003.9.13

信越本線・上越線・高崎線・武蔵野線・常磐線（快速）・成田線　NO.DO.KA

Tc484-701（旧Tsc484-1）　新ニイ　我孫子　2010.9.5

京葉線・武蔵野線・高崎線・上越線・信越本線　シルフィード

Msc485-1（旧Ts189-2）　新カヌ　舞浜　1994.7.30

東北本線（上野口）・高崎線・上越線・信越本線（新潟口）　きらきらうえつ

Tc485-701（旧Tc481-349）　新ニイ　東十条-王子　2004.6.6

ジパング　Tc481-40からの仕様変更改造

Tc485-704（旧Tsc485-4）　盛モリ　尾久IV　2014.11.15

中央本線（新宿口）　ゆう　先頭車改造・仕様変更改造

Tsc484-2（旧Ts183-1008）　水カツ　甲府　1999.6.28

湘南新宿ライン　ゆう　先頭車改造・仕様変更改造

Msc485-2（旧Ts189-5）　水カツ　東十条-王子　1998.7.4

湘南新宿ライン　やまなみ・せせらぎ併結　仕様変更改造

Tsc484-6（旧Tc481-34）　高シマ　東十条　2001.8

武蔵野線　ニューなのはな　先頭車改造・仕様変更改造

Tsc485-3（Ts481-1007）　千マリ　船橋法典　2004.5.22

奥羽本線（秋田口）・田沢湖線　たざわ　先頭車改造

Mc485-1005（旧M485-1080）　秋アキ　秋田　1995.7.5

奥羽本線（青森口）　かもしか　先頭車改造

Mc485-1008（旧M485-1023）　秋アキ　青森　2006.5.19

日豊本線（留置中）　きりしま　先頭車改造

Mc485-8（旧M485-109）　鹿カコ　鹿児島総合車両所　2004.9.29

鹿児島本線（博多口・留置中）　ホームライナー　先頭車改造

Mc485-7（旧M485-105）　本ミフ　南福岡　2000.3.17

【489系】 北陸本線・信越本線・上越線・高崎線・東北本線（上野口） 急行能登

Tc489-501　金サワ　赤羽--東十条　2009.5.21

東海道本線（大阪口）・湖西線・北陸本線（金沢口）　雷鳥

Tc489-702　京キト　芦原温泉　2009.7.4

①1972.3 ～ 2015.3
②横川・軽井沢間急こう配対応（横軽対応）、EF63協調運転対応
　50Hz60Hz用交直両用特急車両（横軽対応）
　主電動機MT54B,MT54D（120KW）、歯車比3.50
　直並列、弱界磁、勾配抑速発電ブレーキ、総括制御、
　SED/SELD発電併用電磁直通ブレーキ、抑速ブレーキ
③Tc489
　0　ボンネット形、MG210kva（床下）、奇数方先頭車（長野方）
　200　正面貫通形（長野方）
　300　正面非貫通形（長野方）
　500　偶数方先頭車（上野方）、横軽間EF63と連結
　　　　ボンネット形、MG210kva（床下）
　600　正面貫通形（上野方）、横軽間EF63と連結
　700　正面非貫通形（上野方）、横軽間EF63と連結

東北本線（上野口）・高崎線・信越本線・北陸本線　白山

Tc489-2　金サワ　軽井沢　1992.9.11

東海道本線（名古屋口）・北陸本線　しらさぎ

Tc489-4　金サワ　名古屋　1999.9.9

東海道本線（名古屋口）・北陸本線　しらさぎ

Tc489-701　金サワ　名古屋　2001.8.4

東海道本線（名古屋口）・北陸本線　しらさぎ

Tc489-205　金サワ　名古屋　2001.8.4

東海道本線（名古屋口）・北陸本線　しらさぎ

Tc489-301　金サワ　金沢　1991.10.24

東海道本線（名古屋口）・北陸本線　しらさぎ

Tc489-605　金サワ　名古屋　1999.9.9

東北本線（上野口）・高崎線・信越本線・北陸本線　白山

Tc489-205　金サワ　大宮　1985.3.13

東北本線（上野口）・高崎線・信越本線・北陸本線　白山

Tc489-502　金サワ　南浦和-蕨　1982.11.14

東北本線（上野口）・高崎線・信越本線・北陸本線　白山

Tc489-1　金サワ　東十条-王　1997.9.13

東北本線（上野口）・高崎線・信越本線・北陸本線　白山

Tc489-702　金サワ　金沢　1991.10.24

東北本線（上野口）・高崎線・信越本線　はくたか

Tc489-500番代　金サワ　南浦和-蕨　1982.10.23

東北本線（上野口）・高崎線・信越本線　はくたか

Tc489-600番代　金サワ　上野　1982.11.3

北陸本線・信越本線（新潟口）　北越

Tc489-505　金サワ　富山　1983.10.27

北陸本線・信越本線（新潟口）　北越

Tc489-2　金サワ　新潟　1989.4

東北本線（上野口）・高崎線・信越本線　そよかぜ

Tc489-4　金サワ　秋葉原　1986.4

湘南新宿ライン・高崎線・信越本線（長野口）　あさま

Tc489-202　長ナノ　池袋　1991.5

武蔵野線　臨時

Tc489-5　金サワ　武蔵浦和　2002.9.21

京葉線　臨時

Tc489-1　金サワ　市川塩浜　2005.8.20

東海道本線（大阪口）・湖西線・北陸本線　雷鳥

Tc489-303　京キト　大阪　2001.9.16

北陸本線・湖西線・東海道本線（大阪口）　雷鳥

Tc489-704+M485　京キト　大阪　2006.3.25

東北本線（上野口）・高崎線・上越線・信越本線・北陸本線　急行能登

Tc489-5　金サワ　富山　2009.7.4

北陸本線・信越本線・上越線・高崎線・東北本線（上野口）　急行能登

Tc489-3　金サワ　東十条-王子　1999.3

北陸本線・信越本線・上越線・高崎線・東北本線（上野口）　急行能登

Tc489-501　金サワ　赤羽　2007.5.26

北陸本線・信越本線・上越線・高崎線・東北本線（上野口）　急行能登

Tc489-501　金サワ　赤羽-東十条　2009.5.21

東北本線（上野口）・高崎線　ホームライナー

Tc489-2　金サワ　王子-尾久　2004.6.14

東北本線（上野口）・高崎線　ホームライナー

Tc489-2　金サワ　東十条-王子　2004.6.29

東北本線（上野口）・高崎線・信越本線　はくたか

Tc489-0番代　金サワ　南浦和-蕨　1982.10.23

東北本線（上野口）・高崎線・信越本線　はくたか

Tc489-4　金サワ　上野　1982.11.6

東海道本線（名古屋口）・北陸本線　しらさぎ

Tc489-701　金サワ　金沢　1991.10.24

東北本線（上野口）・高崎線・信越本線　あさま

Tc489-603　長ナノ　大宮　1997.7.10

リバイバル白山

Tc489-1　金サワ　東十条-王子　2005.10.15

リバイバル白山

Tc489-505　金サワ　赤羽　2005.10.16

リバイバルはくたか

Tc489-1　金サワ　東十条-王子　2007.9.16

リバイバルはくたか

Tc489-501　金サワ　東十条-王子　2007.9.15

【491系（E491）】 東北本線（上野口）

クモヤE491-1　水カツ　東十条　2009.5.21

成田線

クヤE490-1　水カツ　成田　2008.9.9

①2001　JR東日本
②East-i
　事業用車、電気・軌道検測車(交直両用)
　インバータ制御(CI制御)、1C4M×1(IGBT)
　主電動機MT72A(145KW)IM、歯車比5.65
　回生・発電ブレンディング併用電気指令式空気ブレーキ
　T車遅れ込め制御
③クモヤE491-1(信号・通信)
　モヤ490-1(電力)
　クヤ490-1(軌道)

成田線

クヤE490-1　水カツ　成田　2008.9.9

東北本線（上野口）

クヤE490-1　水カツ　赤羽-東十条　2009.5.21

【491系、493系、E493系、495系、497系、591系】
事業用車・試験車

491
①1957 〜
②事業用車、
　主電動機MT40B(568KW)、歯車比2.87、直並列、弱界磁、総括制御、AE空気ブレーキ
③Mc491　Mc73からの改造、釣掛け駆動
　Tc490　Tc5900からの改造

493
①1964(1960) 〜　※国鉄電車ガイドブック新性能電車編(浅原信彦著)P400,402写真参照
②直接式交直流架線試験車、クモハ51 1から改造、
　歯車比5.25、(直流)直並列弱界磁発電ブレーキ、総括制御、(交流)直列2次側タップ切換発電ブレーキ、
　総括制御、SED発電併用電磁直通空気ブレーキ
③クモヤ493　整流子電動機MT960(可撓釣掛け式)、Mc51086からの改造
　クモヤ492　整流子電動機MT959(可撓釣掛け式)、Mc51085からの改造

E493
①2021.3　JR東日本
②工場・基地間の車両けん引用、入換え事業用
　クモヤE493とクモヤE492とペア
　主電動機MT79(140KW)IM、歯車比7.07、インバータ制御(CI制御)、1C4M/両(フルiC)、回生併用電気指令式空気ブレーキ
③クモヤE493
　クモヤE492

495
①1967.1 〜 1982　※国鉄電車ガイドブック新性能電車編(浅原信彦著)P404,406写真参照
②電気検測車
　クモヤE495とクモヤE494とペア
　シリコン整流器(AC→DC)、主電動機MT54(120KW)、歯車比3.50、直並列、弱界磁、発電ブレーキ、総括制御、SED発電併用電磁直通ブレーキ
③クモヤ495　1982年クモヤ193-51に改造
　クモヤ494

497
①1986 〜 1998　JR東日本
②交直流架線試験車
　クモニ83805からの改造
③クヤ497
　1　粘着試験車、鉄道総合技術研究所所有

591
①1970.3(1971.3) 〜　※新版国鉄電車ガイドブック新性能電車交流編(浅原信彦著)P248,250写真参照
②高速運転用振り子式試験電車、当初Mc1+M2+Mc'3の構成で連接台車を装備していた。後に20m車Mc+Mc'の2両編成ボギー車に改造、両運転台
　のタイプが違う
　主電動機MT58X(110KW)、歯車比4.05、直並列、弱界磁、発電ブレーキ、総括制御、18CLED電磁自動空気ブレーキ
③クモヤ591 2両編成改造後クモハ591に変更、
　クモヤ590 2両編成改造後クモハ590に変更、高運転台

【501系（E501）】 常磐線

TcE500-3　水カツ　勝田　2008.7.25

常磐線（快速）・常磐線

TcE500-1004　水カツ　ひたちうしく　1998.11

①1995.12　JR東日本
②交直流通勤用車両、両開き４ドア、ロングシート
　軽量ステンレス車体、主電動機MT70(120KW)IM、歯車比6.06
　整流器+VVVFインバータ制御、1C4M×1/両(GTO)、補助電源(SIV)
　自動交直切換方式、軽量ボルスタレス台車
　回生ブレーキ併用電気指令式空気ブレーキ、T車遅れ込め制御
　抑速ブレーキ、フラット防止滑走防止装置
③TcE501　奇数方先頭車(いわき方)
　0　10両編成、自動解結装置
　1000　5両編成、自動解結装置なし
　TcE500　偶数方先頭車(上野方)
　0　5両編成、自動解結装置
　1000　10両編成、自動解結装置なし

常磐線（快速）・常磐線

TcE501-1002　水カツ　我孫子　2000.7.13

水戸線

TcE500-3　水カツ　下館　2016.7.30

常磐線（快速）・常磐線　15両編成

TcE501-1001　水カツ　北千住　1996.7

常磐線（快速）・常磐線　15両編成

TcE501-1004　水カツ　土浦　1998.11

回送

TcE500-1　水カツ　高萩　2007.3.8

常磐線　10両編成

TcE501-1　水カツ　いわき　2007.5.18

常磐線（快速）・常磐線　10両編成

TcE501-1　水カツ　北千住　1997.2

常磐線（快速）・常磐線　15両編成

TcE501-1002　水カツ　我孫子　2002.9.10

常磐線　10両編成

TcE500-1001　水カツ　いわき　2007.5.18

水戸線・常磐線　5両編成

TcE501-1002　水カツ　水戸　2016.8.6

【521系】 北陸本線

Tpc520-22　金サワ　富山　2014.6.22

①2006.11　JR西日本
②軽量ステンレス車体、両開き３ドア、正面貫通形、
　転換クロスシート(一部固定クロスとロング)、2両編成ワンマン対応
　VVVFインバータ制御(CI制御)、1C1M×4/両(IGBT)
　主電動機WMT102C(230KW)IM、歯車比6.53
　回生併用電気指令式空気ブレーキ、T車遅れ込め制御
③Mc521　奇数方先頭車
　　0　量産車、一部IT鉄道・IR鉄道へ譲渡、(金沢方)
　　100　七尾線用増備車、(七尾方)
　　Tpc520　偶数方先頭車
　　0　シングルアームパンタ、Mc521-0と同様、(敦賀方)
　　100　七尾線用増備車、シングルアームパンタ、(金沢方)

注、IT鉄道=あいの風とやま鉄道
　　IR鉄道=IRいしかわ鉄道

北陸本線

Tpc520-48　金ツル　小松　2014.6.22

北陸本線

Mc521-44　金ツル　福井　2014.8.23

北陸本線

Mc521-3　金フイ　敦賀　2007.3.10

北陸本線

Tpc520-15　金サワ　加賀温泉　2010.7.2

北陸本線

Tpc520-24　金サワ　松任　2014.8.24

北陸本線

Tpc520-28　金サワ　金沢　2014.6.23

北陸本線

Mc521-3　金ツル　福井　2014.6.22

北陸本線

Tpc520-36　金ツル　小松　2014.6.22

北陸本線

Tpc520-31　金サワ　金沢　2014.8.23

北陸本線

Tpc520-43　金ツル　芦原温泉　2014.6.23

北陸本線

Mc521-43　金ツル　福井　2014.6.22

IRいしかわ鉄道・七尾線　IR車2連と併結

Tpc520-101　金サワ　七尾　2022.9.27

七尾線・IRいしかわ鉄道

Tpc520-112　金サワ　七尾　2022.9.26

IRいしかわ鉄道・七尾線

Tpc520-103　金サワ　金沢　2022.9.26

七尾線

Mc521-115　金サワ　七尾　2022.9.27

IRいしかわ鉄道・七尾線　JR車2連と併結

Mc521-118　（IRいしかわ鉄道）　七尾　2022.9.27

七尾線・IRいしかわ鉄道　JR車2連と切放し

Tpc520-117　（IRいしかわ鉄道）　七尾　2022.9.27

IRいしかわ鉄道・あいの風とやま鉄道　IRいしかわ鉄道

Tpc520-30　（IRいしかわ鉄道）　金沢　2022.9.26

IRいしかわ鉄道・あいの風とやま鉄道　あいの風とやま鉄道

Tpc520-9　（あいの風とやま鉄道）　金沢　2022.9.26

【531系（E531）】 常磐線（快速）・常磐線

TcE531-20　水カツ　亀有　2012.7.6

①2005.7　JR東日本
②軽量ステンレス車体、両開き4ドア、
　ロングシート一部セミクロスシート
　VVVFインバータ制御(CI制御)、1C4M×1/両(IGBT)
　主電動機MT75/MT75A(140KW)IM、歯車比6.06
　回生併用電気指令式空気ブレーキ、T車遅れ込め制御、
　停止まで回生Br
③TcE531　奇数方先頭車(勝田・黒磯方)
　0　10両編成
　1000　5両編成
　4000　5両編成、耐寒耐雪構造
　TcE530　偶数方先頭車(上野・小山・新白河方)
　0　10両編成、自動解結装置なし
　2000　5両編成
　5000　5両編成、耐寒耐雪構造

常磐線・常磐線（快速）　特別快速

TcE530-5　水カツ　藤代　2005.8.10

水戸線・常磐線

TcE530-2001　水カツ　友部　2005.7.22

東北本線（黒磯口）

TcE531-4003　水カツ　黒磯　2021.10.25

常磐線（快速）・常磐線

TcE531-1001　水カツ　土浦　2005.7.22

常磐線（快速）・常磐線　特別快速

TcE531-1003　水カツ　藤代　2005.8.10

常磐線・常磐線（快速）　特別快速

TcE530-15　水カツ　金町　2007.1.24

常磐線・水戸線

TcE530-2007　水カツ　下館　2015.9.4

常磐線

TcE531-4007　水カツ　高萩　2017.9.9

常磐線・常磐線（快速）・上野東京ライン・東海道本線（東京口）

TcE531-1019　水カツ　御徒町　2018.5.13

東北本線（黒磯口）

TcE530-5006　水カツ　黒磯　2017.12.16

常磐線・常磐線（快速）・上野東京ライン・東海道本線（東京口）

TcE530-10　水カツ　田町　2022.4.28

【581系】 月光

Tnc581-8　門司港鉄道博物館　2020.12.15

東海道本線（大阪口）・山陽本線・鹿児島本線　なは

①1967.1 ～ 2014　JR九州、JR西日本
②寝台・座席両用交直流特急形電車、交流60Hz用
　　正面貫通形高運転台、折戸１ドア
　　MG150kva、主電動機MT54B(120KW)、歯車比4.8 2、
　　直並列、弱界磁、勾配抑速発電ブレーキ、総括制御
　　SED発電併用電磁直通空気ブレーキ、抑速ブレーキ
③Tnc581　1 ～ 41
　　奇数　奇数方先頭車(大阪・富山・名古屋・新潟方)
　　偶数　偶数方先頭車(博多・宮崎・西鹿児島方)

Tnc581　大ムコ　大阪　1982.12.29

東海道本線（大阪口）・山陽本線　はと

Tnc581　大ムコ　大阪　1969.3.15

東海道本線（大阪口）・山陽本線・日豊本線　彗星

Tnc581　大ムコ　大阪　1982.12.29

東海道本線（大阪口）・山陽本線・鹿児島本線（博多口）　月光

Tnc581　大ムコ　大阪　1969.3.15

東海道本線（大阪口）・山陽本線・　つばめ

Tnc581　大ムコ　大阪　1969.3.15

東海道本線（大阪口）・山陽本線・鹿児島本線　明星

Tnc581　大ムコ　大阪　1969.3.15

東海道本線（大阪口）・山陽本線・日豊本線　彗星

Tnc581　大ムコ　大阪　1982.12.29

東海道本線（大阪口）・北陸本線　雷鳥

Tnc581　大ムコ　大阪　1982.12.29

東海道本線（大阪口）・湖西線・北陸本線・信越本線（新潟口）　きたぐに

Tnc581-28　大ムコ　新潟　1989.4

東海道本線（大阪口）・湖西線・北陸本線・信越本線（新潟口）　きたぐに

Tnc581-35　京ムコ　新潟　1995.9.12

東海道本線（大阪口）・湖西線・北陸本線・信越本線（新潟口）　きたぐに

Tnc581-33　京キト　新潟　2010.7.3

【583系】 湘南新宿ライン　リバイバルみちのく

Tnc583-17　仙セン　東十条-王子　2011.10.8

東北本線　はつかり

①1970.6 ～ 2017　JR東日本・JR西日本
②寝台・座席両用交直流特急形電車、交流50Hz60Hz両用
　正面貫通形高運転台、折戸1ドア
　MG210kva、主電動機MT54B(120KW)、歯車比4.82
　直並列、弱界磁、勾配抑速発電ブレーキ、総括制御
　SED/SELD発電併用電磁直通ブレーキ、抑速ブレーキ
③Tnc583　1 ～ 30
　奇数　奇数方先頭車(仙台・盛岡・青森方)
　偶数　偶数方先頭車(上野・大阪・小倉方)

Tnc583　盛アオ　上野　1969.4.15

常磐線・東北本線　ゆうづる

Tnc583　盛アオ　我孫子　1983.10.1

東北本線　はくつる

Tnc583　盛アオ　大宮　1985.3.13

常磐線・東北本線　みちのく

Tnc583　盛アオ　金町-松戸　1982.10.23

東北本線　はつかり

Tnc583　盛アオ　南浦和-蕨　1982.11.14

東北本線　ひばり

Tnc583　盛アオ　白岡-久喜　1976.10

東北本線　はくつる

Tnc583-12　盛アオ　青森　1999.11.9

常磐線・東北本線　みちのく

Tnc583　盛アオ　上野　1982.10.30

東北本線　はつかり

Tnc583　盛アオ　大宮　1976.10

常磐線・東北本線　ゆうづる

Tnc583-26　盛アオ　上野　1982.11.6

東北本線（上野口）　団体

Tnc583-5　盛アオ　東十条-王子　2002.11.16

武蔵野線・京葉線　ムーンライト

Tnc583-8　仙セン　市川塩浜　2005.8.20

湘南新宿ライン　ムーンライト

Tnc583-17　仙セン　東十条-王子　2004.6.20

東北本線（上野口）　リバイバルはつかり

Tnc583-17　盛アオ　東十条―王子　2001.4.29

武蔵野線・京葉線　わくわくドリーム号

Tnc583-5　秋アキ　市川大野　2004.5.22

東北本線（上野口）　リバイバルひばり

Tnc583-17　盛アオ　東十条-王子　2002.9.22

東北本線（上野口）　リバイバルひばり

Tnc583-8　盛アオ　東十条-王子　2002.9.22

常磐線　リバイバルみちのく

Tnc583-5　盛アオ　金町　2002.11.3

東北本線　臨時

Tnc583-17　仙セン　大宮　2014.12.20

東北本線（上野口）　回送

Tnc583-5　盛アオ　大宮　1985.3.9.

東北本線（上野口）　回送

Tnc583-1　盛アオ　大宮　1985.3.9

東北本線　はつかり

Tnc583-8　盛アオ　上野　1982.11.6

東北本線・常磐線　ゆうづる

Tnc583-26　盛アオ　上野　1982.11.6

常磐線・東北本線　みちのく

Tnc583　盛アオ　上野　1982.10.30

東北本線　はくつる

Tnc583　盛アオ　上野

東北本線　はつかり

Tnc583　盛アオ　上野

常磐線・東北本線　みちのく

Tnc583　盛アオ　上野

【651系】

Tc651-5　水カツ　勝田車両センター　2016.7.30

常磐線・常磐線（快速）　スーパーひたち

Tc651-103　水カツ　水戸　2000.7.13

①1989.3　JR東日本
②交直両用特急形電車、常磐線スーパーひたち用として製作、片開き2ドア
　サイリスタ整流器+界磁添加励磁制御、主電動機MT61A(120KW)
　主電動機MT61A(120KW)、歯車比3.95、
　回生併用電気指令式空気ブレーキ
　軽量ボルスタレス台車、滑走再粘着制御、抑速ブレーキ
③Tc651奇数方先頭車(勝田・いわき・新前橋方)
　0　7両基本編成
　100　4両付属編成
　1000　基本編成を直流区間走行用として改造(交流機器そのまま)
　Tsc651　奇数方先頭車(小田原方)
　1100　Tc651から伊豆クレイル用として改造
　Tc650　偶数方先頭車(上野方)
　0　7両基本編成、4両付属編成
　1000　基本編成を直流区間走行用として改造(交流機器そのまま)
　Tsc650　偶数方先頭車(伊豆急下田方)
　1000　Tc650から伊豆クレイル用として改造

東北本線（上野口）・高崎線・上越線・吾妻線　草津　仕様変更

Tc651-1001（旧Tc651-1）　宮オオ　東十条　2014.3.15

東海道本線（小田原口）・伊東線・伊豆急行線　伊豆クレイル　仕様変更改造

Tsc650-1007（旧Tc650-1007）　横コツ　伊豆急下田（伊豆急行）　2016.12.3

常磐線（快速）・常磐線　スーパーひたち

Tc651-105　水カツ　金町　2000.3

常磐線・常磐線（快速）　スーパーひたち

Tc650-9　水カツ　勝田　2004.7.24

常磐線　スーパーひたち

Tc651-108　水カツ　原ノ町　2002.8.25

山手貨物線・常磐線　スーパーひたち（新宿発）

Tc650　水カツ　駒込-田端操車場　1989.11

上越線・高崎線・東北本線（上野口）　スワローあかぎ　仕様変更

Tc650-1004（旧Tc650-13）　宮オオ　赤羽-東十条　2014.4.10

常磐線・常磐線（快速）　スーパーひたち

Tc651-103　水カツ　亀有　2002.6.29

東北本線（上野口）・高崎線・上越線・吾妻線　草津　仕様変更

Tc651-1003（旧Tc651-6）　宮オオ　東十条-王子　2018.11.25

東海道本線（小田原口）・伊東線・伊豆急行線　伊豆クレイル　仕様変更改造

Tsc651-1101（旧Tc651-1101）　横コツ　伊豆急下田（伊豆急行）　2016.12.3

【653系（E653）】 常磐線（快速）・常磐線　フレッシュひたち

TcE653-103　水カツ　水戸　2009.8.2

常磐線（快速）・常磐線　フレッシュひたち

TcE653-2　水カツ　北千住　1997.10

①1997.10　JR東日本
②交直両用特急形電車、常磐線フレッシュひたち用として製作
　アルミダブルスキン車体、正面非貫通形高運転台、
　シングルアームパンタ
　VVVFインバータ制御(CI制御)、1C4M×1/両(IGBT)
　主電動機MT72(145KW)IM、回生併用電気指令式空気ブレーキ
　T車遅れ込め制御、抑速ブレーキ、耐雪ブレーキ
③TcE653　奇数方先頭車(いわき方・新潟方)
　0　　7両基本編成、編成ごとに腰下周りの塗色違い
　100　4両付属編成
　1000　7両基本編成をいなほ用として改造、耐寒耐雪構造
　1100　4両付属編成をしらゆき用として改造、耐寒耐雪構造
　TcE652　偶数方先頭車(上野方・秋田・直江津方)
　0　　7両基本編成、編成ごとに腰下周りの塗色違い
　100　4両付属編成
　1100　4両付属編成をしらゆき用として改造、耐寒耐雪構造
　TscE652　偶数方先頭車(秋田方)
　1000　7両基本編成をいなほグリーン車用として改造、耐寒耐雪構造

信越本線（新潟口）　しらゆき　仕様変更

TcE653-1101（旧TcE653-101）　新ニイ　新潟　2015.7.6

白新線・羽越本線（秋田口）　いなほ　仕様変更

TscE652-1005（旧TcE652-5）　新ニイ　秋田　2018.6.25

常磐線・常磐線（快速）　フレッシュひたち

TcE652-1　水カツ　水戸　2006.7.14

常磐線（快速）・常磐線　フレッシュひたち

TcE652-2　水カツ　取手　1998.11

常磐線（快速）・常磐線　フレッシュひたち

TcE652-3　水カツ　水戸　2000.7.13

常磐線・常磐線（快速）　フレッシュひたち

TcE652-4　水カツ　藤代　2005.8.10

常磐線（快速）・常磐線　フレッシュひたち

TcE652-5　水カツ　ひたちうしく　2000.7.13

常磐線・常磐線（快速）　フレッシュひたち

TcE652-6　水カツ　水戸　2004.7.24

東北本線（上野口）　臨時

TcE653-7　水カツ　赤羽-東十条　2005.10.8

常磐線・常磐線（快速）　フレッシュひたち

TcE652-8　水カツ　水戸　2000.7.13

常磐線・武蔵野線・京葉線　臨時

TcE653-1　水カツ　市川大野　2004.5.22

常磐線・武蔵野線・京葉線　回送

TcE652-3　水カツ　潮見　1998.12

東北本線（上野口）　臨時

TcE653-8　水カツ　東十条-王子　2003.10.11

東北本線（上野口）　臨時

TcE652-103　水カツ　東十条-王子　2014.2.22

常磐線・水戸線・東北本線（宇都宮口）・日光線　臨時　仕様変更

TcE653-1008（旧TcE653-104）　水カツ　日光　2023.1.8

信越本線（新潟口）　しらゆき　仕様変更

TcE652-1103（旧TcE652-103）　新ニイ　新津　2016.12.5

白新線・羽越本線（秋田口）　いなほ　仕様変更

TcE653-1005（旧TcE653-5）　新ニイ　新潟　2018.6.25

白新線・羽越本線（秋田口）　いなほ　仕様変更

TscE652-1007（旧TcE652-7）　新ニイ　秋田　2018.6.24

【655系（E655）】 東北本線（上野口）　なごみ（和）

MscE654-101　東オク　東十条―王子　2008.4.11

①2007.11　JR東日本
②50Hz60Hz交直両用ハイグレード車、
　非電化区間乗入対応(発電機装備)
　アルミダブルスキン車体、特別車1両のほかすべてグリーン車6両
　正面非貫通形高運転台
　VVVFインバータ制御(CI制御)、1C4M×1/両(IGBT)
　主電動機MT75A(140KW)IM、歯車比4.9 5、
　シングルアームパンタ
　回生併用電気指令式空気ブレーキ、T車遅れ込め制御、
　停止まで電気Br
③Msc654　奇数方先頭車(大宮方)
　101
　Tsc654　偶数方先頭車(上野方)
　101　エンジン・発電機搭載

水戸線　なごみ（和）

MscE654-101　東オク　笠間　2012.1.22

磐越西線　なごみ（和）

TscE654-101　東オク　会津若松　2012.5.26

湘南新宿ライン　なごみ（和）

MscE654-101　東オク　東十条―王子　2018.9.24

【657系（E657）】 常磐線・常磐線（快速）　ひたち

TcE656-16　水カツ　高萩　2013.8.2

常磐線　試乗会

TcE657-1　水カツ　赤塚　2012.2.23

①2012.3　JR東日本
②交直両用特急形電車、常磐線ひたち用として製作
　アルミダブルスキン車体、正面非貫通形高運転台、車間ダンパ付き
　VVVFインバータ制御(CI制御)、1C4M×1/両(IGBT)
　主電動機MT75B(140KW)IM、歯車比5.65、シングルアームパンタ
　回生併用伝送指令式空気ブレーキ、
　T車遅れ込め制御、抑速ブレーキ
③TcE657　奇数方先頭車(いわき方)
　0　フルアクティブ振動制御装置
　TcE656　偶数方先頭車(上野方)
　0　フルアクティブ振動制御装置

常磐線・常磐線（快速）　ひたち

TcE656-9　水カツ　大津港　2013.8.2

常磐線（快速）・常磐線　ひたち

TcE657-17　水カツ　いわき　2015.3.1

【681系】 東海道本線（大阪口）・湖西線・北陸本線　サンダーバード　仕様変更

Tc681-201（旧Tc681-1）　金サワ　加賀温泉　2010.7.2

上越線・ほくほく線・北陸本線　はくたか

Tc681-9　金サワ　越後湯沢　1998.6.13

東海道本線（大阪口）・湖西線・北陸本線　雷鳥

Tsc681-1　金サワ　金沢　1995.9.12

①1992.10　JR西日本
②北陸地区交直両用特急車両、雷鳥、サンダーバードなど、鋼製車体
　VVVFインバータ制御(サイリスタ位相+インバータ制御)、
　1C1M×4/両(GTO)、歯車比5.22
　主電動機試作車WMT101(190KW)IM、量産車WMT103(220KW)IM、
　回生併用電気指令式空気ブレーキ、T車遅れ込め制御、耐雪ブレーキ
③Mc681　(富山方先頭車)
　500　　正面貫通形、T680のP付とペア
　2500　正面貫通形(旧北陸急行)
　Tc681　(富山方先頭車)
　0　　　正面非貫通形
　200　　正面非貫通形、バリアフリー対応
　1500　正面貫通形、T681-1100先頭車改造、2015.3大阪方へ方向転換
　2000　正面非貫通形(旧北陸急行)
　Tsc681　(大阪方先頭車)
　0　　　正面非貫通形
　1000　正面非貫通形、1995.4富山方カラ大阪方へ方向転換
　　　　　試作車Tsc681-1から量産化改造
　2000　正面非貫通形(旧北陸急行)
　Tc680　(大阪方先頭車)
　0　　　正面非貫通形、試作車
　1000　正面非貫通形、(富山方先頭車)
　　　　　試作車Tc680-1から量産化改造
　1200　正面非貫通形、(富山方先頭車)、2015.3大阪方へ方向転換
　　　　　Tc680-1001を身障者対応改造
　Tpc680　(大阪方先頭車)、M681とペア
　500　　正面貫通形下枠交差型パンタ付
　1500　正面貫通形、Tp680-1001からの先頭車改造
　　　　　下枠交差型パンタ付、2015.3富山方へ方向転換
　2500　正面貫通形(旧北陸急行)
　　　　　下枠交差型パンタ付

注.2015.3方向転換実施

北陸本線・湖西線・東海道本線（大阪口）　サンダーバード　量産化改造

Tc680-1001（旧Tc680-1試作車）　金サワ　大阪　1995.10.25

北陸本線・湖西線・東海道本線（大阪口）　サンダーバード　量産化改造

Tsc681-1001（旧Tsc681-1試作車）　金サワ　大阪　1995.10.25

北陸本線・湖西線・東海道本線（大阪口）　サンダーバード　仕様変更

Tc681-207（旧Tc681-7）　金サワ　京都　2005.3.27

北陸本線・湖西線・東海道本線（大阪口）　スーパー雷鳥サンダーバード

Tc681-6　金サワ　金沢　1995.9.12

東海道本線（大阪口）・湖西線・北陸本線　サンダーバード

Tsc681-3　金サワ　京都　2005.3.27

北陸本線・湖西線・東海道本線（大阪口）　サンダーバード　仕様変更

Tc681-202（旧Tc681-2）　金サワ　富山　2009.2.14

七尾線・北陸本線・湖西線・東海道本線（大阪口）　サンダーバード（増結）

Tpc680-506　金サワ　金沢　2009.2.14

東海道本線（大阪口）・湖西線・北陸本線・七尾線サンダーバード（和倉温泉行）

Tpc680-502　金サワ　金沢　1995.9.12

七尾線・IRいしかわ鉄道　能登かがり火（和倉温泉→金沢）　仕様変更

Tc681-207（旧Tc681-7）　金サワ　七尾　2022.9.27

七尾線・IRいしかわ鉄道　能登かがり火（回送）

Tpc680-507　金サワ　七尾　2022.9.27

北陸本線・ほくほく線・上越線　はくたか

Tc681-4　金サワ　越後湯沢　2014.6.22

上越線・ほくほく線・北陸本線　はくたか

Mc681-505　金サワ　直江津　2005.9.2

上越線・ほくほく線・北陸本線　はくたか

Tsc681-5　金サワ　直江津　2005.9.2

上越線・ほくほく線・北陸本線　はくたか

Tc681-2002（北越急行）　越後湯沢　1997.10

北陸本線・ほくほく線・上越線　はくたか

Mc681-2502（北越急行）　越後湯沢　2013.7.2

北陸本線・ほくほく線・上越線　はくたか

Tc681-2001（北越急行）　直江津　1997.10

【683系】 七尾線・北陸本線・湖西線・東海道本線（大阪口） サンダーバード

Tsc683-5　近キト　和倉温泉　2013.7.2

北陸本線・東海道本線（名古屋口）　しらさぎ

Tpsc682-2012　金サワ　大垣　2004.8.20

北陸本線・湖西線・東海道本線（大阪口）　サンダーバード

Tsc683-3　金サワ　大阪　2001.9.16

①2001.1製　JR西日本
②681系の改良版、アルミダブルスキン車体、3両1ユニットT車にパンタ、
　床面高低下
　VVVFインバータ制御(CI制御)、1C1M×4/両(IGBT)、SIV制御と一体化
　主電動機WMT105(245KW)IM,WMT105A(255KW)IM、歯車比5.22
　回生併用電気指令式空気ブレーキ、T車遅れ込め制御
　下枠交差式パンタ(除くTp682-4300,4400はシングルアームパンタ)
③Mc683
　1500　正面貫通形、Tp682-0パンタ付とペア、(大阪方先頭車)
　3500　正面貫通形、T683+Tpc682-2700パンタ付とペア、3両編成、(大阪方先頭)
　(2015.3以前) T683+Tpc682-2200パンタ付とペア、5両編成、(米原方先頭)
　5500　正面貫通形、Tp682-4300シングルパンタ付とペア、WMT105A(大阪方先頭)
　8500　正面貫通形、Tp682-8000パンタ付とペア、(米原方先頭車)
　(旧北越急行・越後湯沢方)、160km/h対応(ほくほく線用)、現在しらさぎ用
　Tc683
　700　正面貫通形、3両編成、(大阪方先頭車)
　8700　正面貫通形、3両編成、(旧北越急行・越後湯沢方)(米原方先頭車)
　Tsc683
　0　　正面非貫通形、(金沢方先頭車)
　4500　正面貫通形(準備工事)、(金沢方先頭車)
　8000　正面非貫通形、(旧北越急行・金沢方)(名古屋・金沢方先頭車)、しらさぎ用
　Tpc682
　500　　正面貫通形、M683-1300とペア、3両編成、(金沢方先頭車)
　2700　正面貫通形、Mc683-3500+T683とペア、3両編成、(金沢方先頭車)
　8500　正面貫通形、M683とペア、3両編成、(名古屋・金沢方先頭車)
　(旧北越急行・金沢方)
　Tpsc682
　2000　正面非貫通形、M683-3400とペア、(名古屋・金沢方先頭車)
　2015.3までしらさぎ運用、現在すべてTphsc288へ改造

注.2015.3方向転換後の先頭車方向を記載

東海道本線（大阪口）・湖西線・北陸本線　サンダーバード

Mc683-3522　金サワ　芦原温泉　2009.7.4

東海道本線（大阪口）・湖西線・北陸本線　サンダーバード

Tsc683-2　金サワ　敦賀　2007.3.10

北陸本線・東海道本線（名古屋口）　しらさぎ

Mc683-3508　金サワ　敦賀　2005.3.27

北陸本線・東海道本線（名古屋口）　しらさぎ

Tpsc682-2002　金サワ　名古屋　2004.8.6

北陸本線　おはようサンダーバード

Tpc682-504　近キト　福井　2014.6.23

北陸本線　おはようサンダーバード

Tc683-704　近キト　福井　2014.6.23

北陸本線　おはようサンダーバード

Mc683-3524　金サワ　福井　2014.6.23

七尾線・北陸本線・湖西線・東海道本線（大阪口）　サンダーバード

Mc683-1505　近キト　和倉温泉　2013.7.2

北陸本線　試運転

Tsc683-4504　金サワ　芦原温泉　2009.7.4

北陸本線　試運転

Mc683-5504　金サワ　芦原温泉　2009.7.4

北陸本線・湖西線・東海道本線（大阪口）　サンダーバード

Tsc683-4510　金サワ　小松　2014.6.22

北陸本線・東海道本線（名古屋口）　しらさぎ

Tpsc682-2004　金サワ　米原　2003.3.20

北陸本線・湖西線・東海道本線（大阪口）　サンダーバード

Tsc683-4512　金サワ　山科　2016.10.14

上越線・ほくほく線・北陸本線　はくたか

Mc683-8501（北越急行）　越後湯沢　2014.8.29

北陸本線・ほくほく線・上越線　はくたか

Tc683-8701（北越急行）　越後湯沢　2009.7.4

北陸本線・ほくほく線・上越線　はくたか

Tsc683-8001（北越急行）　越後湯沢　2009.7.4

東海道本線（名古屋口）・北陸本線　しらさぎ

Tpsc682-2004　金サワ　芦原温泉　2009.7.4

東海道本線（名古屋口）・北陸本線　しらさぎ

Mc683-3508　金サワ　芦原温泉　2009.7.4

北陸本線・湖西線・東海道本線（大阪口）　サンダーバード（回送）

Mc683-5504　金サワ　金沢　2022.9.26

東海道本線（名古屋口）・北陸本線　しらさぎ（回送）

Mc683-8501（旧北越急行）　金サワ　金沢　2022.9.27

北陸本線・湖西線・東海道本線（大阪口）　サンダーバード

Tsc683-4505　金サワ　福井　2022.9.26

東海道本線（大阪口）・湖西線・北陸本線サンダーバード

Mc683-3524　金サワ　京都　2016.10.14

東海道本線（大阪口）・湖西線・北陸本線　サンダーバード

Tsc683-4509　金サワ　山科　2016.10.14

北陸本線・湖西線・東海道本線（大阪口）　サンダーバード

Tsc683-4505　金サワ　山科　2016.10.14

例【701】 奥羽本線 ←主な使用路線名
↑系列

急行、特急名、臨時、団体等

Mc701-7　　秋アキ　←特急用車両等では記載場所が違う

車両番号　所属名

秋田　　　　2018.6.25

撮影場所　　撮影年月日

(編成の手前側車両のみを標記)

【例】
Tc=クハ
Mc=クモハ
Tsc=クロ
Msc=クモロ
Thsc=クロハ
cMc=クモハ(両運転台)
Tpc(Tac)=クハ(パンタ付き)
Tswc=クロ(ダブルデッカー)
EV=架線式蓄電池電車
McBEC=クモハ架線式蓄電池電車
Tdc=クシ
M=モハ(中間車)
Tp=サハ(中間車パンタ付き)
T=サハ
Ts=サロ

【所属例】
秋アキ=秋田総合車両センター (南秋田運転所)
鹿カコ(本カコ)=鹿児島車両センター (鹿児島運転所)
本ミフ(北ミフ、門ミフ)=南福岡車両区(南福岡電車区)
本チク(北チク)=直方車両センター
熊クマ=熊本車両センター
分オイ=大分車両センター (大分電車区)
仙セン=仙台車両センター (仙台電車区)
仙カタ=山形電車区※
盛モリ(盛モカ)=盛岡車両センター (盛岡客車区)
盛アオ=青森運転所※
函ハコ=函館運輸所
札サウ=札幌運輸所
宮ハエ=川越車両センター
四カマ=高松運転所
四マツ=松山運転所
東オク=尾久車両センター

【各系列説明】
①運用開始年月(または製造年月)～廃車年月
②特徴
③系列番代と特徴(中間車は除く)

※印付は、統合、廃止等で2022年現在標記使用されてません。
(　　)内は、旧標記

★2022.10付けで一部組織変更があり名称及び標記か変更されています。
　首都圏本部「都」ーオオ、ヤマ、サイ、ハエ、マト、トウ、オク、モト、ナノ
　中国統括本部「中」ーセキ、ヒロ、オカ、イモ
　東北本部「北」ーアキ、セン

【701系】 奥羽本線（秋田口） 臨時

Mc701-101　秋アキ　秋田　2018.6.25

羽越本線・奥羽本線

Mc701-17　秋アキ　秋田　1995.7.5

①1993.6　JR東日本
②軽量ステンレス車体、正面貫通形低運転台、
　両開き３ドア、ロングシート、半自動ドア
　サイリスタ位相制御+VVVFインバータ制御(1500番代-CI制御)
　1C4M×1/両(GTR→更新時IGBT)
　主電動機MT65(125KW)IM,MT65A(125KW)IM、歯車比7.07
　パンタグラフ(下枠交差型PS104→狭小トンネル対応PS105
　→シングルアームPS109)へと変更
　発電ブレーキ併用電気指令式空気ブレーキ、抑速ブレーキ、耐雪ブレーキ
　1500番代回生ブレーキ併用電気指令式空気ブレーキ、
③Mc701　奇数方先頭車　Tc700　偶数方先頭車
　0　　　　下枠交差型パンタ、屋根上に発電ブレーキ用抵抗器
　100　　　同上、MGからSIVに変更、蓄電池容量・種類(鉛→アルカリ)変更
　1000　　同上、パンタ仕様変更
　1500　　発電ブレーキから回生ブレーキへ変更、屋根上抵抗器なし
　5000　　標準軌用、田沢湖線用、一部クロスシート、シングルパンタ
　5500　　標準軌用、奥羽本線(福島-新庄間)用、シングルパンタ

東北本線（盛岡口）

Tc700-1014　盛モカ　盛岡　1995.7.5

東北本線（仙台口）

Mc701-1504　仙セン　仙台　2000.8.20

東北本線（仙台口）・常磐線

Mc701-102　仙セン　仙台　2000.8.20

常磐線　ワンマン

Mc701-103　仙セン　いわき　2005.8.21

東北本線（黒磯口）　ワンマン

Mc701-1501　仙セン　黒磯　1999.8.15

東北本線（仙台口）・常磐線

Tc700-106　仙セン　仙台　2000.8.20

東北本線（仙台口）

Tc700-1508　仙セン　仙台　2004.7.31

東北本線（仙台口）

Tc700-1515　仙セン　岩切　2001.8.25

東北本線（黒磯口）

Tc700-1016　仙セン　黒磯　2017.8.26

東北本線（仙台口）　721系と併結

Tc700-1510　仙セン　仙台　2017.7.1

東北本線（青森口）　快速

Mc701-1006　盛アオ　青森　1999.11.9

東北本線（青森口）

Tc700-1001　盛アオ　青森　1999.11.9

東北本線（青森口）

Mc701-1001　盛アオ　八戸　2003.3.9

東北本線（青森口）

Tc700-1003　盛アオ　八戸　2003.3.9

東北本線（盛岡口）　ワンマン

Mc701-1014　盛モカ　盛岡　1995.7.5

東北本線（盛岡口）　ワンマン

Mc701-1009　盛モカ　盛岡　1995.7.5

東北本線（盛岡口）

Tc700-1011　盛モカ　盛岡　1995.7.5

東北本線（盛岡口）

Tc700-1042　盛アオ　盛岡　2000.10.20

奥羽本線（青森口）

Mc701-11　秋アキ　弘前　2006.5.19

奥羽本線（青森口）

Mc701-19　秋アキ　青森　2006.5.19

奥羽本線（秋田口）　ワンマン

Tc700-35　秋アキ　秋田　1995.7.5

奥羽本線（秋田口）

Tc700-103　秋アキ　秋田　1995.7.5

奥羽本線　ワンマン

Mc701-36　秋アキ　新庄　2007.5.15

奥羽本線（青森口）

Mc701-11　秋アキ　大館　2009.2.15

奥羽本線（青森口）

Mc701-101　秋アキ　大館　2009.2.15

奥羽本線（秋田口）

Tc700-36　秋アキ　大曲　2007.5.15

奥羽本線（山形口）　標準軌

Mc701-5508　仙カタ　新庄　2007.5.15

奥羽本線（山形口）　標準軌

Mc701-5509　仙カタ　新庄　2007.5.15

奥羽本線（山形口）　標準軌

Mc701-5509　仙カタ　新庄　2007.5.15

奥羽本線（山形口）　標準軌

Tc700-5501　仙カタ　新庄　2007.5.15

田沢湖線　標準軌

Tc700-5001　秋アキ　盛岡　1999.11.9

田沢湖線　標準軌

Tc700-5009　秋アキ　盛岡　1998.5.26

青い森鉄道・奥羽本線（青森口）　ワンマン

Mc701-1（旧Mc701-1037）　青い森鉄道　青森　2014.10.5

青い森鉄道　ワンマン

Tc700-3（旧Tc700-1002）　青い森鉄道　青森　2016.1.31

【711系】 函館本線（札幌口）

Tc711-205　札サウ　札幌　2012.12.14

函館本線（札幌口）・千歳線　快速空港ライナー

Tc711-18　札サウ　苗穂　1990.10.29

①1968.8 ～ 2015.3　JR北海道
②日本初の交流専用電車、片開き2ドア(後に一部3ドア改造)、二重窓
　正面貫通形、貫通扉上の前照灯2灯、耐寒耐雪構造
　ボックスシート(一部ロングシート化)
　1M方式、サイリスタによる電圧制御、SEL電磁直通ブレーキ
　主電動機MT54A(150KW)、1S4P永久接続、歯車比4.82
③Tc711
　0　量産車、(奇数方先頭車奇数車番号)(偶数方先頭車偶数車番号)
　100　奇数方先頭車(小樽方)
　200　偶数方先頭車(室蘭・旭川方)
　901　試作車、偶数方先頭車、下段固定上段下降式一枚窓
　902　試作車、偶数方先頭車、一枚窓上昇式二重窓
　Mc711
　901　試作車、奇数方先頭車、下段固定上段下降式一枚窓
　Tc711-901とペア
　902　試作車、奇数方先頭車、一枚上昇式二重窓、Tc711-902とペア

函館本線（札幌口）　3ドア改造

Tc711-111　札サウ　小樽　1999.11.7

函館本線（札幌口）

Tc711-210　札サウ　岩見沢　2012.12.14

函館本線（札幌口）

Tc711-12　札サウ　札幌　1999.11.7

函館本線（札幌口）・千歳線　快速

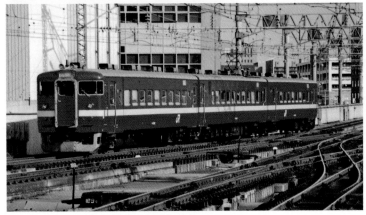

Tc711-110　札サウ　札幌　1999.11.7

函館本線（札幌口）　３ドア改造

Tc711-217　札サウ　札幌　1999.11.8

函館本線（札幌口）

Tc711-214　札サウ　札幌　2012.12.13

函館本線（札幌口）・千歳線

Tc711-28　札サウ　苗穂　1990.10.29

室蘭本線

Tc711-203　札サウ　東室蘭　1999.11.7

函館本線（札幌口）　試作車

Tc711-902+Mc711-902　札サウ　苗穂　1990.10.29

函館本線（札幌口）　試作車

Mc711-901+Tc711-901　札サウ　苗穂　1990.10.29

【713系】 回送　改番後

Tc712-1（旧Tc712-901）　鹿カコ　南宮崎電留線　2011.2.5

長崎本線　タウンシャトル

Mc713-904　本ミフ　諫早　1988.3.12

①1983.7製　JR九州
②国鉄初のサイリスタ位相制御、界磁制御、4S1P永久直列接続
　両開き2ドア、セミクロスシート、2両編成、1M方式
　主電動機MT61(150KW)、歯車比6.07、交流回生ブレーキ、
　抑速ブレーキ
　後日宮崎空港アクセス用として客室改造、回転式リクライニングシート
③Mc713　奇数方先頭車(鳥栖・南福岡・延岡方)
　0　試作車からの車番変更(主回路更新)
　900　試作車
　Tc712　偶数方先頭車(長崎・宮崎空港方)
　0　試作車からの車番変更(主回路更新)
　900　試作車

宮崎空港線・日豊本線

Mc713-902　鹿カコ　宮崎空港　1997.5.16

鹿児島本線（博多口）

Mc713-902　本ミフ　南福岡電車区　1994.11.26

97

タウンシャトル

Mc713-902　本ミフ　南福岡電車区　1994.11.26

長崎本線　タウンシャトル

Tc712-904　本ミフ　諫早　1988.3.12

日豊本線・宮崎空港線

Tc712-902　鹿カコ　宮崎空港　1997.5.16

宮崎空港線・日豊本線　快速

Mc713-904　鹿カコ　宮崎空港　1997.5.17

日豊本線　快速

Mc713-903　鹿カコ　南宮崎　1997.5.17

宮崎空港線・日豊本線　ワンマン　改番後

Tc712-3（旧Tc712-903）　本カコ　南宮崎　2011.2.5

日豊本線

Tc712-904　鹿カコ　南宮崎　1997.5.17

日豊本線　留置中　改番後

Mc713-4（旧Mc713-904）　本カコ　南宮崎電留線　2011.2.5

【715系】 東北本線（黒磯口）　581系からの仕様変更改造

Tc715-1009（旧Tnc581-38）　仙セン　黒磯　1989.3

鹿児島本線・長崎本線　タウンシャトル　581系からの仕様変更改造

Tc715-3（旧Tnc581-7）　本ミフ　肥前白石-肥前山口　1988.3.12

①1985.3 ～ 1998　JR九州・JR東日本
②寝台特急電車581・583系を近郊形交流専用車に改造、パンタ1基
　折戸2ドア、4両編成、JR東日本車（1000,1100番代）は耐寒耐雪構造
　M車は、JR九州がMn581,580の改造、JR東日本がMn583,582の改造
　主電動機MT54(120KW)、歯車比5.60、
　SELD発電併用電磁直通ブレーキ
　直並列、弱界磁、発電ブレーキ、総括制御、
③Tc715
　　0　Tnc581からの改造、偶数方先頭車（長崎方）(JR九州)
　　100　Tn581の改造、切妻形運転台、奇数方先頭車（鳥栖方）(JR九州)
　　1000　Tnc581からの改造、偶数方先頭車（黒磯方）(JR東日本)
　　1100　Tn581の改造、切妻形運転台、奇数方先頭車（一ノ関方）(JR東)
　　Tc714
　　0　Tn581の改造、切妻形運転台、偶数方先頭車（長崎方）(JR九州)

東北本線（仙台口）　581系からの仕様変更先頭車改造

Tc715-1110（旧Tn581-40）　仙セン　仙台　1989.3

鹿児島本線・長崎本線　タウンシャトル　581系からの仕様変更先頭車改造

Tc715-105（旧Tn581-11）　本ミフ　博多　1988.3.12

鹿児島本線・長崎本線　タウンシャトル　581系からの仕様変更先頭車改造

Tc715-104（旧Tn581-47）　本ミフ　肥前山口　1988.3.12

長崎本線・鹿児島本線　タウンシャトル　581系からの仕様変更改造

Tc715-10（旧Tnc581-17）　本ミフ　肥前山口　1988.3.12

鹿児島本線・長崎本線　タウンシャトル　581系からの仕様変更改造

Tc715-4（旧Tnc581-2）　本ミフ　肥前山口　1988.3.12

長崎本線・鹿児島本線　タウンシャトル　581系からの仕様変更先頭車改造

Tc715-110（旧Tn581-1）　本ミフ　肥前山口　1988.3.12

東北本線（仙台口）　581系からの仕様変更先頭車改造

Tc715-1102（旧Tn581-42）　仙セン　郡山　1990.11.6

東北本線（仙台口）　581系からの仕様変更改造

Tc715-1002（旧Tnc581-40）　仙セン　郡山　1990.11.6

東北本線（仙台口）　581系からの仕様変更先頭車改造

Tc715-1010（旧Tnc581-20）　仙セン　仙台　1989.3

東北本線（仙台口）　581系からの仕様変更改造

Tc715-1002（旧Tnc581-40）　仙セン　福島　1989.3

【717系】 日豊本線　ワンマン　475系からの仕様変更先頭車改造

Mc716-204(旧M474-39)　鹿カコ　宮崎　2011.2.5

日豊本線　457系からの仕様変更改造

Mc717-901(旧Mc457-14)　鹿カコ　西鹿児島　1997.5.17

①1986.11 〜 2014.9　JR東日本・JR九州
②急行形451,453,475系のローカル用車両更新改造、
　台車電気機器再利用
　両開き2ドア(一部3ドア)、セミクロスシート
　主電動機MT54B/D(120KW)、歯車比4.21
　直並列、弱界磁、発電ブレーキ、総括制御、
　SELD発電併用電磁直通空気ブレーキ
③Mc717　奇数方先頭車(熊本、大分・仙台方)
　0　Mc451の改造、3両編成、(JR東日本)
　100　Mc453の改造、3両編成、(JR東日本)
　200　Mc475の改造、2両編成、(JR九州)
　900　Mc457の改造、2両編成、3ドア(中央のみ両開き)、(JR九州)
　Mc716　偶数方先頭車(延岡・西鹿児島方)
　200　M474の先頭車改造、2両編成、(JR九州)
　900　M456の先頭車改造、2両編成、3ドア(中央のみ両開)、(JR九州)
　Tc716　偶数方先頭車(いわき方)
　0　Tc451の改造、3両編成、(JR東日本)

日豊本線　475系からの仕様変更改造

Mc717-206(旧Mc475-23)　鹿カコ　南宮崎　1997.5.17

常磐線・東北本線（仙台口）　451系からの仕様変更改造

Tc716-3(旧Tc451-23)　仙セン　いわき　2002.8.25

東北本線（仙台口）・常磐線　451系からの仕様変更改造

Mc717-2（旧Mc451-4）　仙セン　仙台　1996.7.28

東北本線（仙台口）・常磐線　453系からの仕様変更改造

Mc717-101（旧Mc453-14）　仙セン　仙台　1989.3

東北本線（仙台口）・常磐線　451系からの仕様変更改造

Tc716-3（旧Tc451-23）　仙セン　仙台　1989.3

仙山線　453系からの仕様変更改造

Mc717-104（旧Mc453-10）　仙セン　仙台　1989.3

日豊本線　タウンシャトル　475系からの仕様変更改造

Mc717-203（旧Mc475-8）　分オイ　大分　1988.3.10

鹿児島本線　475系からの仕様変更改造

Mc717-205（旧Mc475-13）　鹿カコ　熊本　1988.3.13

日豊本線　ワンマン　475系からの仕様変更先頭車改造

Mc716-207（旧M474-28）　本カコ　鹿児島中央　2004.9.28

鹿児島本線　475系からの仕様変更先頭車改造

Mc716-901（旧M456-14）　鹿カコ　西鹿児島　1997.5.17

【719系】 仙山線

Mc719-18　仙セン　仙台　2017.7.4

東北本線（仙台口）

Tc718-22　仙セン　岩切　2000.8.20

①1990　JR東日本
②仙台地区近郊形交流電車、両開き３ドア、半自動ドア、ドアステップ付
　セミクロスシート(集団見合い配置クロスシート)
　ステンレス車体、2両編成、1M方式、自動解結装置、電気連結器
　サイリスタ位相制御、弱界磁制御、電動機4個永久直列接続
　主電動機MT61(150KW)、歯車比6.07
　電気ブレーキ併用電気指令式空気ブレーキ、抑速・耐雪フレーキ
　5000番代は初の在来線標準軌規格近郊形電車(福島-山形・新庄間)
③Mc719　奇数方先頭車(一ノ関、作並・山形方)
　0　ステップ付、PS16Hパンタ
　5000　標準軌、耐寒耐雪構造、下枠交差型パンタ、ステップ廃止
　Tc718　偶数方先頭車(黒磯・福島方)
　0　ステップ付
　5000　標準軌、耐寒耐雪構造、ステップなし

東北本線（福島口）

Mc719-30　仙セン　矢吹　2005.8.21

奥羽本線（山形口）　標準軌

Tc718-5002　仙カタ　山形　1992.6.23

東北本線（黒磯口）

Mc719—15　仙セン　黒磯　1994.4.23

東北本線（郡山口）

Mc719-20　仙セン　郡山　1998.5

磐越西線　快速

Mc719-12　仙セン　郡山　2008.7.26

仙山線

Tc718-27　仙セン　仙台　2001.8.25

磐越西線　フルーティア　仕様変更改造

Tdc718-701（旧Tc718-27）3　仙セン　郡山　2015.7.18

磐越西線　快速

Tc718-12　仙セン　会津若松　2010.4.3

奥羽本線（秋田口）

Mc719-13　秋アキ　秋田　2018.6.25

奥羽本線（山形口）　標準軌

Tc718-5011　仙カタ　山形　1992.6.23

【721系（E721）（東日本）】 東北本線（仙台口）

McE721-40　仙セン　小牛田　2017.7.3

東北本線（仙台口）　701系と併結

McE721-1005　仙セン　仙台　2017.7.4

①2006.2製　JR東日本
②仙台地区用交流電車、両開き3ドア、ステップなし、セミクロスシート
　軽量ステンレス車体、低床車(車輪径810mm)、シングルアームパンタ
　VVVFインバータ制御(CI制御)、1C2M×2/両(IPM)、1M方式
　主電動機MT76(125KW)IM、歯車比5.93
　回生併用電気指令式空気ブレーキ、T車遅れ込め制御
③McE751　奇数方先頭車(一ノ関、山形、会津若松、仙台方)
　　0　　　2両編成
　　500　　仙台空港乗入れ対応車、2両編成
　　1000　4両編成
　　TcE720　偶数方先頭車(郡山、原ノ町、仙台空港方)
　　0　　　2両編成
　　500　　仙台空港乗入れ対応車、2両編成
　　1000　4両編成

仙台空港鉄道線・東北本線（仙台口）　ワンマン

McE721-502　仙セン　仙台　2017.7.4

東北本線（仙台口）・仙台空港鉄道線

SAT720-103（仙台空港鉄道）　仙台　2007.5.18

東北本線（仙台口）

McE721-20　仙セン　仙台　2007.5.18

東北本線（仙台口）　回送

TcE720-1018　仙セン　仙台　2017.7.4

仙山線　快速

TcE720-28　仙セン　仙台　2017.7.4

仙山線

TcE720-1002　仙セン　仙台　2017.7.1

仙山線　快速

McE721-1013　仙セン　愛子　2017.7.3

磐越西線　快速

TcE720-12　仙セン　郡山　2017.7.1

東北本線（仙台口）・常磐線

TcE720-11　仙セン　仙台　2007.5.18

東北本線（仙台口）・仙台空港鉄道線

TcE720-501　仙セン　仙台　2007.5.18

【721系（北海道）】 室蘭本線・千歳線・函館本線(札幌口)

Mc721-2　札サウ　苫小牧　2012.12.14

千歳線・函館本線(札幌口)　2次車

Tc721-12　札サウ　苗穂　1990.10.29

函館本線(札幌口)　731系と併結　仕様変更

Tc721-3019（旧Tc721-19）　札サウ　札幌　2012.12.13

函館本線（札幌口）　快速

Tc721-102　札サウ　岩見沢　1999.11.7

函館本線（札幌口）　回送

Tc721-1004　札サウ　小樽　1999.11.8

①1988.9製、1988.11　JR北海道
②北海道近郊用交流電車、片開き３ドア、転換式クロスシート、耐寒耐雪構造、ボルスタレス台車、ワンハンドルマスコン初採用
　軽量ステンレス車体、当初下枠交差型パンタ、後にシングルアームパンタ
　0番代サイリスタ連続位相制御+弱界磁制御、応荷重制御付き、主電動機N-MT721(150KW)、歯車比4.82、
　発電併用電気指令式空気ブレーキ、耐雪ブレーキ
　1000番代以降サイリスタ位相制御+VVVFインバータ制御、主電動機N-MT785A(215KW)IM、
　4000番代N-MT731(230KW)IM、N-MT721A(250KW)、CI制御、1C1M×4/両(IGBT)、回生併用電気指令式空気ブレーキ、
　5000番代回生併用電気指令式空気ブレーキ、T車遅れ込め制御
③Mc721　奇数方先頭車(小樽方)
　0　　　　3両編成　　　　　　　屋根上にブレーキ抵抗器
　200　　　6両編成
　2000　　3両編成、車いすスペース、130km/h対応
　3000　　3両編成、130km/h対応、Mc721-0から改番
　3200　　6両編成、130km/h対応、Mc721-200から改番
　Tc721　偶数方先頭車(苫小牧、滝川方)
　0　　　　3両編成
　100　　　6両編成
　1000　　3両編成、130km/h対応、VVVF車
　2000　　3両編成、130km/h対応、VVVF車、(奇数方先頭車)
　2100　　3両編成、130km/h対応、M車VVVF化に伴うTc721-100から改番
　2200　　3両編成、130km/h対応、M車VVVF化に伴うTc721-100から改番(奇数方先頭車)
　3000　　3両編成、130km/h対応、Tc721-0から改番
　3100　　6両編成、130km/h対応、M車VVVF化に伴うTc721-100から改番
　3200　　6両編成、130km/h対応、M車VVVF化に伴うMc721-3200からTc化改造・改番(奇数方先頭車)
　4100　　6両編成、130km/h対応、VVVF車、6連化に伴うTc721-1000から改番、T車2両新製
　4200　　6両編成、130km/h対応、VVVF車、6連化に伴うTc721-2000から改番、T車2両新製(奇数方先頭車)
　5001　　3両編成、130km/h対応、VVVF車、Tc721-1000から改番、M車1両新製
　5002　　3両編成、130km/h対応、VVVF車、Tc721-2000から改番、M車1両新製(奇数方先頭車)
　5100　　6両編成、130km/h対応、VVVF車、6連化に伴うTc721-1000から改番、中間車4両新製
　5200　　6両編成、130km/h対応、VVVF車、6連化に伴うTc721-2000から改番、中間車4両新製、(奇数方先頭車)

函館本線（札幌口）・千歳線　快速エアポート　仕様変更

Tc721-4202(旧Tc721-2005)　札サウ　札幌　2012.12.12

千歳線・函館本線（札幌口）　快速エアポート　仕様変更

Tc721-3122(旧Tc721-3022)　札サウ　新札幌　2012.12.12

函館本線（札幌口）・千歳線　回送　仕様変更

Tc721-4102(旧Tc721-1006)　札サウ　札幌　2023.6.27

函館本線（札幌口）　仕様変更

Tc721-5001(旧Tc721-1005)　札サウ　札幌　2012.12.13

函館本線（札幌口）　回送

Mc721-1　札サウ　札幌　1999.11.7

函館本線（札幌口）・千歳線

Tc721-4　札サウ　苗穂　1990.10.29

函館本線（札幌口）　2次車

Mc721-13　札サウ　小樽　1999.11.8

函館本線（札幌口）　回送

Mc721-202　札サウ　小樽　1999.11.7

函館本線（札幌口）・千歳線　快速

Tc721-101　札サウ　南千歳　1999.11.7

千歳線・函館本線（札幌口）　快速

Tc721-1007　札サウ　南千歳　1999.11.7

函館本線（札幌口）　快速

Tc721-6　札サウ　岩見沢　1999.11.7

函館本線（札幌口）

Tc721-2005　札サウ　岩見沢　1999.11.7

函館本線（札幌口）　uシート車

Tc721-1009　札サウ　白石　2023.6.27

札沼線

Mc721-11　札サウ　あいの里公園　2012.12.12

函館本線（札幌口）・千歳線

Tc721-9　札サウ　新札幌　2012.12.12

函館本線（札幌口）　仕様変更

Mc721-3019（旧Mc721-19）　札サウ　小樽　2015.11.1

函館本線（札幌口）・千歳線　快速エアポート　仕様変更

Tc721-4103（旧Tc721-1008）　札サウ　札幌　2012.12.14

千歳線・函館本線（札幌口）　快速エアポート　仕様変更・Tc化改造

Tc721-3222（旧Mc721-3022）　札サウ　新札幌　2012.12.12

函館本線（札幌口）・千歳線　快速エアポート　仕様変更

Tc721-4204（旧Tc721-2002）　札サウ　新札幌　2012.12.13

千歳線・函館本線（札幌口）　快速エアポート　仕様変更

Tc721-5101（旧Tc721-1001）　札サウ　新札幌　2012.12.13

【731系】 函館本線（札幌口）

Tc731-212　札サウ　札幌　2012.12.12

函館本線（札幌口）　721系と併結

Tc731-106　札サウ　小樽　1999.11.8

①1996.12　JR北海道
②北海道近郊用交流電車、片開き３ドア、ロングシート、
　客室仕切りなし
　軽量ステンレス車体、低床化(車輪径810mm)、３両編成
　ドア幅拡大、ドア付近エアーカーテン及び遠赤外線暖房設置
　1M方式、VVVFインバータ制御(CI制御)(IGBT)、交流回生ブレーキ
　主電動機N-MT731(230KW)IM、シングルアームパンタ
　キハ201気動車と併結協調運転可能(EC・DC総括制御システム)
③Tc731
　100　偶数方先頭車(苫小牧・滝川方)
　200　奇数方先頭車(小樽方)

函館本線（札幌口）　キハ201系と併結

Tc731-205　札サウ　小樽　1999.11.8

函館本線（札幌口）　キハ201系と併結

キハ201-102＋Tc731-209　小樽　2015.11.1

函館本線（札幌口）

Tc731-101　札サウ　札幌　1999.11.8

函館本線（札幌口）・千歳線・室蘭本線

Tc731-106　札サウ　苫小牧　1999.11.7

函館本線（札幌口）　721系と併結

Tc731-221　札サウ　小樽　2015.11.1

函館本線（札幌口）　721系と併結、2次車

Tc731-121　札サウ　札幌-苗穂（車内）　2012.12.12

函館本線（札幌口）　回送

Tc731-211　札サウ　札幌　1999.11.8

函館本線（札幌口）　キハ201系と併結

Tc731-212　札サウ　苗穂　1999.11.8

函館本線（札幌口）

Tc731-219　札サウ　小樽　2015.11.1

札沼線

Tc731-218　札サウ　あいの里公園　2012.12.12

【733系】 千歳線・函館本線（札幌口） 区間快速

Tc733-206　札サウ　札幌　2012.12.14

千歳線・函館本線（札幌口）

Tc733-201　札サウ　新札幌　2012.12.12

①2012.6　JR北海道
②札幌近郊用交流電車、片開き3ドア、ロングシート、客室仕切りなし
　軽量ステンレス車体、低床(車輪径810mm)、ドア付近ステップレス化
　VVVFインバータ制御(CI制御)、1C2M×2/M(IGBT)、
　シングルアームパンタ
　主電動機N-MT731A(230KW)IM、1M方式、721,731,735系と併結可能
　3000番代N-MT733(255KW)IM、
　歯車比4.89、回生併用電気指令式空気ブレーキ、T車遅れ込め制御
　停止まで回生ブレーキ
③Tc733
　100　3両編成、(偶数方先頭車、苫小牧、滝川方)
　200　3両編成、(奇数方先頭車、小樽方)
　1000　3両編成、(函館方)
　2000　3両編成、(新函館北斗方)
　3100　6両編成、(偶数方先頭車、苫小牧、滝川方)
　3200　6両編成、(奇数方先頭車、小樽方)

函館本線（札幌口）

Tc733-209　札サウ　小樽　2015.11.1

函館本線（函館口）　はこだてライナー

Tc733-2003　函ハコ　函館　2019.8.27

千歳線・函館本線（札幌口）　快速エアポート　仕様変更

Tc733-3110　札サウ　札幌　2023.6.27

函館本線（札幌口）　721系と併結

Tc733-109　札サウ　札幌　2012.12.13

函館本線（札幌口）　区間快速

Tc733-110　札サウ　小樽　2012.12.13

札沼線・函館本線（札幌口）　731系と併結

Tc733-102　札サウ　札幌　2012.12.13

函館本線（札幌口）　回送

Tc733-215　札サウ　小樽　2015.11.1

函館本線（函館口）　快速はこだてライナー

Tc733-1003　函ハコ　新函館北斗　2019.8.27

函館本線（函館口）　快速はこだてライナー

Tc733-1003　函ハコ　五稜郭　2019.8.29

函館本線（函館口）　快速はこだてライナー

Tc733-2002　函ハコ　函館　2019.8.27

【735系】 千歳線・函館本線（札幌口）

Tc735-202　札サウ　新札幌　2012.12.13

千歳線・函館本線（札幌口）　731系と併結

Tc735-101　札サウ　苫小牧　2023.6.27

①2010.3製、2012.5　JR北海道
②札幌近郊用交流電車、片開き3ドア、ロングシート、
　エアーカーテン設置
　アルミダブルスキン車体、低床(車輪径810mm)、
　ドア付近ステップレス化
　VVVFインバータ制御(CI制御)、1C2M×2/M(IGBT)、
　シングルアームパンタ
　主電動機N-MT735(230KW)IM、1M方式、
　721,731,733系と併結可能
　歯車比4.89、回生併用電気指令式空気ブレーキ、
　停止まで回生ブレーキ
③Tc735
　100（苫小牧・滝川方）
　200（小樽方）

千歳線・函館本線（札幌口）

Tc735-101　札サウ　新札幌　2012.12.12

函館本線（札幌口）・千歳線　区間快速

Tc735-202　札サウ　札幌　2012.12.12

【737系】 室蘭本線　ワンマン

Mc737-6　札サウ　東室蘭　2023.6.26

室蘭本線　ワンマン

Tc737-6　札サウ　東室蘭　2023.6.26

①2023.5　JR北海道
②通勤形交流電車、片開き2ドア、ロングシート、2両1ユニット編成
　アルミダブルスキン車体、塗装仕上げ、低床(車輪径810mm)、
　VVVFインバータ制御(CI制御)、
　1C2M×2/M(ハイブリッドSiCモジュール)
　主電動機N-MT737(190KW)IM、歯車比5.22、
　シングルアームパンタ
　回生併用電気指令式空気ブレーキ、停止まで全電気ブレーキ
　T車遅れ込め制御、耐雪ブレーキ、留置ブレーキ
③Tc737
　0　(札幌方)
　Mc727
　0　(室蘭方)

室蘭本線　ワンマン

Tc737-3　札サウ　苫小牧　2023.6.27

函館本線（札幌口）・千歳線・室蘭本線　ワンマン

Mc737-2　札サウ　苫小牧　2023.6.27

116

【741系、743系】 事業用車 事業車

クモヤ740-2　北ミフ　南福岡電車区　2004.9.27

クモヤ740-53　本ミフ　南福岡　1994.11.26

741
①1969 ～ 2008.12
②交流事業用車、M72からの改造、つりかけ駆動
　　主電動機MT40C(142KW)、歯車比2.87
　　直並列、弱界磁、総括制御、SED空気ブレーキ
③クモヤ740-2　元クモヤ792、南福岡区所属
　　クモヤ740-50　元クモヤ792、耐寒耐雪構造、青森運転所所属他

743
①1992.6 ～ 2014.11　JR東日本
②山形新幹線開業に伴う標準軌用の牽引車
③クモヤ743-1　仙カタ、下枠交差型パンタ、
　　クモヤ143- 3からの改造

クモヤ740-53　本ミフ　南福岡　1994.11.26

クモヤ740-53　本ミフ　南福岡　1994.11.26

【751系(E751)】 東北本線(青森口) つがる

TcE751-3　盛アオ　八戸　2009.2.16

東北本線(盛岡口)　スーパーはつかり

ThscE750-2　盛アオ　盛岡　2000.10.20

①2000.3　JR東日本
②50Hz交流専用特急車両、耐寒耐雪構造
　アルミダブルスキン車体、シングルアームパンタ
　VVVFインバータ制御(CI制御)、1C4M×2／ユニット(IGBT)
　主電動機MT72(145KW)IM、
　回生併用電気指令式空気ブレーキ、T車遅れ込め制御
③　TcE751
　0（盛岡方→青森方）
　ThscE750
　0（青森方→秋田方）

奥羽本線(秋田口)　つがる

ThscE750-3　盛アオ　秋田　2014.6.24

奥羽本線(青森口)　つがる

ThscE750-2　盛アオ　弘前　2006.5.19

【781系】 函館本線（札幌口）・千歳線・室蘭本線　ライラック

Tpc780-3　札サウ　苗穂　1990.10.29

函館本線（札幌口）・千歳線・室蘭本線　すずらん

Tpc780-901＋M781-901　札サウ　札幌　1999.11.8

①1979.3製、1980～2007.11　JR北海道
②国鉄初の交流特急電車、4両編成
　サイリスタ位相制御、定電流制御
　発電ブレーキ付(屋根上に主抵抗器設置)
　主電動機MT54A(120KW)/MT54E(150KW)、歯車比4.21
　SELD発電併用電磁直通ブレーキ
③Mc781　奇数方先頭車(札幌方)
　0　量産車、T780とペア
　100　M781からの先頭車化改造
　900　試作車
　Tpc780　偶数方先頭車(室蘭、旭川方)
　0　量産車、パンタ付き、M781とペア
　100　T780からの先頭車化改造、パンタ付き
　900　試作車、パンタ付き

函館本線（札幌口）・千歳線・室蘭本線　ライラック

Tpc780-101＋M781-902　札サウ　苗穂　1990.10.29

千歳線・函館本線（札幌口）　エアポート

Mc781-7　札サウ　札幌　1999.11.7

室蘭本線・千歳線・函館本線（札幌口） ライラック（室蘭発）

Tpc780-5　札サウ　苗穂　1990.10.29

函館本線（札幌口） ライラック（旭川発）

Tpc780-3　札サウ　苗穂　1990.10.29

函館本線（札幌口） ライラック

Mc781-2　札サウ　札幌　1990.10.29

函館本線（札幌口）・千歳線・室蘭本線　ライラック

Mc781-101+Tp780-902+M781-902　札サウ　苗穂　1990.10.29

室蘭本線・千歳線・函館本線（札幌口） すずらん

Mc781-4　札サウ　東室蘭　1999.11.7

室蘭本線・千歳線・函館本線（札幌口） すずらん

Mc781-101+Tp780-902+M781-902　札サウ　札幌　1999.11.7

函館本線（札幌口） ライラック

Mc781-2　札サウ　岩見沢　1999.11.7

千歳線・函館本線（札幌口） エアポート

Tpc780-1　札サウ　南千歳　1999.11.7

【783系】 日豊本線・鹿児島本線（博多口） ハイパーにちりん

Mc783-13　本ミフ　宮崎　2011.2.5

鹿児島本線・豊肥本線（熊本口） ハイパー有明（ディーゼル機関車けん引水前寺行）

Mc783-1　本ミフ　熊本　1988.3.13

長崎本線・鹿児島本線（博多口） かもめ

Mc783-1　本ミフ　長崎　2000.3.18

①1988.3　JR九州
②JR九州初の60Hz交流専用特急電車、
　軽量ステンレス車体、中央片開き1ドア、先頭車セミハイデッカー構造
　サイリスタ位相制御、弱界磁、1C4M/両(SCR)、歯車比3.59
　1M方式、主電動機MT61Q(135KW)/MT61QA(150KW)IM、
　回生併用電気指令式空気ブレーキ、回生ブレーキ、抑速ブレーキ
③Mc783　奇数方先頭車(門司港方)
　0　量産車、パンタ付き
　Tc783　奇数方先頭車(門司港方)
　100　T783-100からの先頭車化改造(貫通形)
　Tsc782　偶数方先頭車(熊本方)
　0　1997すべてThsc782へ改造
　Thsc782　偶数方先頭車(熊本、早岐方)
　0　量産車
　100　T783-100からの先頭車化改造(貫通形)
　400　Thsc782-7を貫通形に改造
　500　Tsc782-0からのグリーン車半室化改造

鹿児島本線（博多口）・長崎本線・佐世保線・大村線 ハウステンボス

Thsc782-506（旧Tsc782-6）　北ミフ　鳥栖　2004.9.27

鹿児島本線（博多口）・長崎本線　ハイパーかもめ

Thsc782-8　本ミフ　博多　1994.11.27

鹿児島本線（博多口）・長崎本線・佐世保線　みどり

Mc783-14　本ミフ　肥前山口　2000.3.18

鹿児島本線（博多口）　つばめ

Thsc782-1　本ミフ　熊本　1988.3.13

鹿児島本線（博多口）・長崎本線・佐世保線・大村線　ハウステンボス　仕様変更

Thsc782-502（旧Tsc782-2）　本ミフ　肥前山口　2000.3.18

鹿児島本線（博多口）・長崎本線・佐世保線・大村線　ハウステンボス　先頭車改造

Tc783-106（旧T783-106）　本ミフ　博多　2000.3.17

鹿児島本線（博多口）・長崎本線・佐世保線　みどり　仕様変更・先頭車改造

Thsc782-102（旧T783-102）　北ミフ　肥前山口　2004.9.27

日豊本線・鹿児島本線（博多口）　ソニック　仕様変更

Thsc782-507（旧Tsc782-7）　本ミフ　大分　2000.3.17

日豊本線・鹿児島本線（博多口）　ハイパーにちりん

Mc783-13　本ミフ　小倉　1994.11.26

鹿児島本線（博多口）　きらめき　仕様変更

Thsc782-504（旧Tsc782-4）　本ミフ　吉塚　2022.12.15

鹿児島本線（博多口）・長崎本線・佐世保線　みどり

Thsc782-5　本ミフ　佐世保　2022.12.15

鹿児島本線（博多口）　きらめき

Mc783-12　本ミフ　吉塚　2022.12.15

長崎本線・鹿児島本線（博多口）　かもめ

Mc783-1　本ミフ　諫早　2004.9.27

鹿児島本線（博多口）　ハイパー有明

Mc783-2　本ミフ　博多　1994.11.26

鹿児島本線（博多口）　ハイパー有明

Mc783-5　本ミフ　熊本　1988.3.13

日豊本線・鹿児島本線（博多口）　ソニック

Mc783-13　本ミフ　大分　2000.3.17

鹿児島本線（博多口）　ハイパー有明

Mc783-6　本ミフ　熊本　1988.3.13

【785系】 函館本線（札幌口） スーパーカムイ

Tc785-1　札サウ　札幌　2012.12.12

函館本線（札幌口）　スーパーホワイトアロー

Tc785-4　札サウ　岩見沢　1999.11.7

函館本線（札幌口）　スーパーホワイトアロー

Mc785-2　札サウ　札幌　1990.10.29

①1990.9　JR北海道
②交流特急電車初のVVVFインバータ制御（CI制御）、片開き２ドア
　軽量ステンレス車体、先頭部普通鋼、貫通形、高運転台
　MTユニット構成、パンタはT車Tc車に搭載
　主電動機N-MT785(190KW)IM、歯車比4.21、
　発電併用電気指令式空気ブレーキ
　300番代N-MT785X(225KW)IM、1 C4M(IGBT)、
　回生併用電気指令式空気ブレーキ
③Mc785　奇数方先頭車(札幌方)
　0　Tp784パンタ付とペア
　100　Tpc784パンタ付とペア、2両編成
　Tc785　偶数方先頭車(旭川方)
　0
　Tpc784　偶数方先頭車(旭川方)
　0　パンタ付き、Mc785とペア、2両編成
　300　スーパー白鳥増結用にTpc784-5を789系仕様改造、2両編成

函館本線（札幌口）　スーパーホワイトアロー（増結用）

Tpc784-5＋Mc785-105　札サウ　札幌　1999.11.8

【787系】 鹿児島本線（博多口）　リレーつばめ回送

Msc787-6　本ミフ　吉塚　2011.2.4

鹿児島本線（鹿児島口・博多口）　つばめ

Msc787-5　鹿カコ　西鹿児島　1997.5.17

①1992.7　JR九州
②JR九州60Hz交流専用特急電車、「つばめ」として登場、片開き1ドア
　軽量ステンレス車体、メタリックシルバーボディカラー
　サイリスタ位相制御、1C8M×1/ユニット(SCR)、
　主電動機MT61QB(150KW)、歯車比3.50
　発電併用電気指令式空気ブレーキ、発電ブレーキ、抑速ブレーキ
③Tc787　奇数方先頭車(門司港、大分方)　　Mc786　偶数方先頭車(門司港方)
　0　4両編成　　　　　　　　　　　　　　　0　Ms787とペア、P付
　100　T787からの先頭車化改造　　　　　Msc786　偶数方先頭車(門司港方)
　6000　検測装置取付に伴う改番　　　　　300　36ぷらす3、Ms787とペア、P付
　Msc787　奇数方先頭車(熊本、宮崎方)　Thsc786　偶数方先頭車(宮崎方)
　0　Ms786P付とペア　　　　　　　　　　　0　4両編成
　300　36ぷらす3、Ms786P付とペア　　　6000　検測装置取付に伴う改番

鹿児島本線（熊本口・博多口）　有明

Tc787-2　本ミフ　熊本　2000.3.16

日豊本線・鹿児島本線（博多口）　にちりん

Thsc786-11　分オイ　博多　2011.2.2

鹿児島本線（博多口・鹿児島口）　つばめ

Msc787-7　鹿カコ　博多　1994.11.28

鹿児島本線（博多口・鹿児島口）　有明

Mc786-12　鹿カコ　熊本　2000.3.16

鹿児島本線（博多口）　リレーつばめ

Msc787-4　本ミフ　新八代　2011.2.4

鹿児島本線（博多口）　リレーつばめ

Msc787-11　北ミフ　博多　2004.9.27

鹿児島本線（博多口）・日豊本線・宮崎空港線　にちりんシーガイア

Msc787-12　鹿カコ　田吉　1997.5.16

鹿児島本線（博多口）・長崎本線　かもめ

Mc786-14　本ミフ　博多　1994.11.26

36ぷらす3　仕様変更改造

Msc786-363（旧Mc786-2）　本ミフ　南福岡車両区　2022.12.15

筑豊本線・篠栗線・鹿児島本線（博多口）　かいおう

Msc787-12　本ミフ　吉塚　2011.2.4

【789系】 東北本線（青森口） スーパー白鳥

Tc789-302　函ハコ　青森　2014.10.5

函館本線（札幌口）　スーパーカムイ

Tc789-2001　札サウ　岩見沢　2012.12.13

①2002.9製、2002.12　JR北海道
②青函トンネル走行用に開発、140km/h運転、青函ATC用車内信号付
　軽量ステンレス車体(先頭部鋼製)、貫通形高運転台、
　VVVFインバータ制御(CI制御)、1C1M×4/両(IGBT)
　M1-1M方式、M2M3-ユニット方式、シングルアームパンタ
　主電動機N-MT731(230KW)IM、歯車比3.96
　1000番代歯車比4.43、1C2M×2/両(IGBT)、停止まで電気ブレーキ
　回生併用電気指令式空気ブレーキ、T車遅れ込め制御
③Tc789
　200　奇数方先頭車(青森・札幌方)、後にライラック用として転用改造
　300　2両編成増結用(Tc789+M788)(青森方)
　1000　カムイ、スズラン用として増備、偶数方先頭車(室蘭、旭川方)
　2000　カムイ、スズラン用として増備、奇数方先頭車(札幌方)
　Thsc789
　100　偶数方先頭車(函館・室蘭、旭川方)、後にライラック用転用改造

東北本線（青森口）　スーパー白鳥

Tc789-201　函ハコ　青森　2006.5.19

東北本線（青森口）　スーパー白鳥

Thsc789-101　函ハコ　八戸　2003.3.9

函館本線（函館口）・江差線・津軽海峡線・津軽線　スーパー白鳥

Tc789-302　函ハコ　函館　2009.2.16

津軽線・津軽海峡線・江差線・函館本線（函館口）　スーパー白鳥

Thsc789-106　函ハコ　青森　2014.10.5

函館本線（札幌口）・千歳線　スーパーカムイ

Tc789-1007　札サウ　新札幌　2012.12.12

函館本線（札幌口）・千歳線　スーパーカムイ

Tc789-2004　札サウ　新札幌　2012.12.13

津軽線・津軽海峡線・江差線・函館本線（函館口）　スーパー白鳥

Tc789-301　函ハコ　青森　2016.1.31

函館本線（札幌口）　ライラック

Thsc789-104　札サウ　白石　2023.6.27

函館本線（札幌口）　スーパーカムイ

Tc789-1002　札サウ　滝川　2012.12.13

千歳線・函館本線（札幌口）　スーパーカムイ

Tc789-1003　札サウ　新札幌　2012.12.13

【791系】

①1959.3 ～ 1980.5　※国鉄電車ガイドブック新性能電車編(浅原信彦著)P398写真参照(誠文堂新光社)
　　　　　　　　　　※新版国鉄電車ガイドブック新性能電車交流編(浅原信彦著)P254写真参照(誠文堂新光社)
②試験用交流電車、後に入換え事業用、旧モヤ94、1両編成
　60Hz20kv直接式交流電車、両開き4枚折戸2ドア、ロングシート(出入口付近)、ボックスクロスシート(中央部)
　交流整流子電動機MT953(150KW)、歯車比5.933、整流器なしの直接式制御、直列発電ブレーキ、低圧タップ切換、総括制御
　空気バネ式台車、平行カルダン駆動、SED発電併用電磁直通空気ブレーキ
③クモヤ791　両運転台(153系低運転台に準じる)、前照灯は屋根上に1灯

(789つづき)

東北本線(青森口)　スーパー白鳥

Tc789-201　函ハコ　青森　2006.5.19

東北本線(青森口)　スーパー白鳥

Thsc789-105　函ハコ　青森　2006.5.19

函館本線(札幌口)　スーパーカムイ

Tc789-2002　札サウ　滝川　2012.12.13

函館本線(札幌口)　スーパーカムイ

Tc789-2001　札サウ　滝川　2012.12.13

函館本線(札幌口)　ライラック(回送)

Thsc789-103　札サウ　札幌　2023.6.27

函館本線(札幌口)　ライラック(回送)

Thsc789-102　札サウ　札幌　2023.6.27

【801系（EV）（E801）】 奥羽本線（秋田口）・男鹿線　架線式蓄電池電車（ACCUM）　ワンマン

EV-E801-1　秋アキ　秋田　2018.6.24

奥羽本線（秋田口）・男鹿線　ワンマン

EV-E800-1　秋アキ　秋田　2018.6.24

①2016.12製、2017.3　JR東日本
②架線式蓄電池電車(50Hz交流用)「ACCUM(アキュム)」
　(電化区間)停車中に架線から蓄電池に充電、
　加速走行は架線電力で走行
　(非電化区間)加速走行は蓄電池からの電力を使用、
　減速時蓄電池に充電
　終点駅停車中にパンタを上昇させ架線から蓄電池に充電する
　蓄電池にはリチウムイオンバッテリー使用
　アルミダブルスキン車体、両開き3ドア、ロングシート、
　2両編成(1M1T)
　主電動機MT80(95KW)IM、歯車比6.5 O、シングルアームパンタ、
　VVVFインバータ制御(CI制御)、1C4M×1/両(IGBT)
　耐寒耐雪構造、回生併用電気指令式空気ブレーキ
③EV-E801　奇数方先頭車(男鹿方)
　0　パンタ付、青色車体
　EV-E800　偶数方先頭車(秋田方)
　0　赤色車体

男鹿線・奥羽本線（秋田口）　ワンマン

EV-E801-6　秋アキ　男鹿　2022.7.4

男鹿線・奥羽本線（秋田口）　蓄電池充電中

EV-E800-6＋EV-E801-6　秋アキ　男鹿　2022.7.4

【811系】 鹿児島本線（博多口）

Tc810-111　北ミフ　博多　2004.9.28

鹿児島本線（博多口）

Mc810-9　本ミフ　鳥栖　2004.9.27

①1989.7　JR九州
②近郊形交流電車、両開き3ドア、転換クロスシート
　　ステンレス車体、先頭部鋼製、正面貫通形、4両編成、自動解結装置装備
　サイリスタ位相制御、弱界磁、主電動機MT61QA(150KW)、歯車比5.60、発電Br
　〔更新車〕VVVFインバータ制御(CI制御)、1C4M(IGBT)、
　　主電動機MT405K(150KW)IM、歯車比6.53、補助電源SIV、シングルアームパンタ
　回生併用電気指令式空気ブレーキ、回生ブレーキ
③Mc810　奇数方先頭車(門司港方)、P付　　　Tc810　偶数方先頭車(荒尾、早岐方)
　0　　　量産車　　　　　　　　　　　　　　0　　　量産車
　100　　出入口付近拡大　　　　　　　　　100　　出入口付近拡大
　1500　0番代をVVVF・ロングシート化　　1500　0番代をVVVF・ロングシート化
　2000　0番代の車いすスペース設置　　　1600　100番代を同上改造
　2100　100番代の車いすスペース設置　　7600　1600番代に検測装置取付
　7600　100番代にVVVF化ロングシート化+検測装置取付
　8100　2100番代に検測装置取付
注.〈改造に伴う番代変更〉VVVF化・ロングシート化改造(+1500)
　　車いすスペース設置(+2000)、検測装置取付(+6000)

鹿児島本線（博多口）

Mc810-11　本ミフ　博多　1994.11.28

鹿児島本線（博多口）

Tc810-11　本ミフ　鳥栖　2004.9.27

鹿児島本線（博多口）

Mc810-7　本ミフ　門司港　1994.11.26

鹿児島本線（博多口）

Mc810-17　本ミフ　博多　2017.5.16

鹿児島本線（博多口）

Mc810-104　本ミフ　博多　1994.11.26

鹿児島本線（博多口）

Tc810-4　本ミフ　博多　2000.3.17

鹿児島本線（博多口）

Tc810-109　本ミフ　博多　2000.3.17

鹿児島本線（博多口）

Mc810-109　本ミフ　吉塚　2020.12.16

鹿児島本線（博多口）　機器更新＋ロングシート化

Tc810-2013（旧Tc810-13）　本ミフ　吉塚　2020.12.15

鹿児島本線（博多口）　機器更新＋ロングシート化

Mc810-7609（旧Tc810-109）　本ミフ　海老津　2020.12.15

【813系】 鹿児島本線（博多口） 3連化後

Tac813-1+T813-401　本ミフ　南福岡　2017.5.15

長崎本線

Tac813-119　本ミフ　長崎　2000.3.18

鹿児島本線（博多口）・篠栗線　ワンマン

Mc813-115　本チク　吉塚　2011.2.2

鹿児島本線（博多口）　回送　仕様変更

Tc812-3113（旧Tc812-1113）　本ミフ　吉塚　2022.12.15

鹿児島本線（小倉口）　回送　仕様変更　客室改造

Mc813-2207（旧Mc813-207）　本ミフ　小倉　2022.12.13

①1994.3　JR九州
②近郊形交流電車、両開き3ドア、転換クロスシート、フォグランプ付き
　　ステンレス車体、先頭部鋼製、正面貫通形、自動解結装置装備、3両編成ペア(登場時2両編成、後にT813挿入)
　　低床(車輪径810mm)、811系併結可能、サイリスタ・ダイオード混合ブリッジ+VVVFインバータ制御、1C1M×1/両(GTO)
　　主電動機MT401K,A(150KW)IM、歯車比6.50、発電併用電気指令式空気ブレーキ、T車遅れ込め制御
　　1000番代-VVVFインバータ制御(CI制御)、1C2M×2/両(IGBT)、1M方式
③Mc813　　　偶数方先頭車(博多、荒尾、江北方)

0	量産車
100	ドア付近スペース拡大
200	運転室拡大
300	車いすスペース設置、側窓UVガラス
2200	200番代の客室拡大
3400	200番代の客室拡大+車間幌取付
3500	300番代の客室拡大+車間幌取付

Tac813　奇数方先頭車(門司港方)

0	量産車、パンタ付
100	ドア付近スペース拡大、パンタ付、
200	運転室拡大、パンタ付
300	車いすスペース設置、パンタ付、側窓UVガラス
2200	200番代の客室拡大
3400	200番代の客室拡大+車間幌取付
3500	300番代の客室拡大+車間幌取付

Tc813　奇数方先頭車(門司港方)

1000	M車インバータ素子IGBTに変更、シングルアームパンタ
1100	同上+行先表示器大型化
3000	1000番代の客室拡大改造
3100	1100番代の客室拡大改造

Tc812　偶数方先頭車(博多、荒尾、江北方)

1000	M車インバータ素子IGBTに変更、シングルアームパンタ
1100	同上+行先表示器大型化
3000	1000番代の客室拡大改造
3100	1100番代の客室拡大改造

注.〈改造に伴う番代変更〉
　　(ドア間固定座席撤去、転換式シートの固定化改造)
・客室拡大(+2000)
・客室拡大+車間幌取付(+3200)

鹿児島本線(博多口)　811系と併結

Tac813-112　本ミフ　南福岡　2017.5.15

鹿児島本線(博多口)

Tac813-301　本ミフ　博多　2004.9.27

鹿児島本線(博多口)

Mc813-301　本ミフ　荒木　2022.12.14

鹿児島本線(博多口)

Mc813-201　本ミフ　博多　2004.9.28

鹿児島本線(小倉口)

Tac813-303　本ミフ　小倉　2020.12.15

鹿児島本線（博多口）　2連×3

Tac813-3　本ミフ　南福岡　2000.3.17

鹿児島本線（博多口）　2連×4

Mc813-7　本ミフ　博多　1994.11.28

鹿児島本線（小倉口）　3連化

Tac813-5　本ミフ　門司港　2020.12.15

鹿児島本線（博多口）　2連×2

Tac813-5　本ミフ　大牟田　2000.3.16

鹿児島本線（博多口）

Tc813-1002　北ミフ　博多　2011.2.4

鹿児島本線（博多口）

Tc813-1001　本ミフ　南福岡　2020.12.16

鹿児島本線（博多口）

Tc813-1105　本ミフ　吉塚　2011.2.2

鹿児島本線（博多口）

Tc813-1106　本ミフ　小倉　2011.2.3

鹿児島本線（博多口）　2連

Mc813-118　本ミフ　大牟田　2000.3.16

鹿児島本線（博多口）・篠栗線・筑豊本線（直方口）　福北ゆたか線

Tac813-119　本チク　博多　2004.9.28

筑豊本線（直方口）・篠栗線・鹿児島本線（博多口）　福北ゆたか線　ワンマン

Mc813-117＋T813-504　本チク　吉塚　2011.2.2

筑豊本線（直方口）・篠栗線・鹿児島本線（博多口）　福北ゆたか線　ワンマン

Mc813-228　本チク　吉塚　2011.2.3

鹿児島本線（博多口）・篠栗線・筑豊本線（直方口）　福北ゆたか線　3連化後

Tac813-115＋T813-502（ロング）　本チク　博多　2004.9.27

筑豊本線（直方口）・篠栗線・鹿児島本線（博多口）　福北ゆたか線

Mc813-114　本チク　博多　2004.9.28

筑豊本線（直方口）　留置中

Mc813-119　本チク　直方　2011.2.3

筑豊本線（直方口）　留置中

Mc813-228　本チク　直方　2011.2.3

日豊本線（小倉口） ワンマン

Tc813-1109　本ミフ　行橋　2011.2.3

日豊本線（小倉口） ワンマン

Tc812-1113　本ミフ　行橋　2011.2.3

長崎本線

Mc813-119　本ミフ　長崎　2000.3.18

長崎本線　留置中

Tac813-215　本ミフ　鳥栖　2004.9.27

佐世保線

Tac813-216　本ミフ　肥前山口　2000.3.18

佐世保線

Tac813-216　本ミフ　肥前山口　2000.3.18

佐世保線

Mc813-7　本ミフ　肥前山口　2000.3.18

長崎本線

Mc813-110　本ミフ　肥前山口　2000.3.18

鹿児島本線（小倉口）　仕様変更

Tac813-2215（旧Tac813-215）　本ミフ　小倉　2022.12.13

鹿児島本線（小倉口）　回送　仕様変更

Mc813-2212（旧Mc813-212）　本ミフ　小倉　2022.12.13

鹿児島本線（博多口）　仕様変更

Mc813-3503（旧Mc813-303）　本ミフ　吉塚　2022.12.15

鹿児島本線（博多口）　仕様変更

Tc813-3106（旧Tc813-1106）　本ミフ　吉塚　2022.12.15

鹿児島本線（博多口）　仕様変更

Tac813-2221（旧Tac813-221）　本ミフ　吉塚　2012.12.15

鹿児島本線（博多口）　仕様変更

Tc813-3115（旧Tc813-1115）　本ミフ　吉塚　2012.12.15

鹿児島本線（博多口）

Tac813-203　本ミフ　海老津　2020.12.15

鹿児島本線（小倉口）

Tac813−236　本ミフ　門司港　2020.12.15

【815系】 鹿児島本線（熊本口）　ワンマン

Tc814-1　熊クマ　熊本　2011.2.4

日豊本線（大分口）　ワンマン

Mc815-20　分オイ　大分　2000.3.17

①1999.10　JR九州
②475系取替用として大分熊本地区向け交流電車、
　2両編成、両開き3ドア
　アルミダブルスキン車体、先頭部鋼製、正面貫通形、ロングシート
　低床(車輪径810mm)、シングルアームパンタ、自動解結装置
　VVVFインバータ制御(CI制御)、1C4M×1/両(IGBT)、
　主電動機MT401KA(150KW)IM、歯車比6.50、発電ブレーキ機能装備
　回生併用電気指令式空気ブレーキ、T車遅れ込め制御、回生ブレーキ
　停止まで電気ブレーキ動作(逆相制御)
　ワンマン運転対応、簡易自動ホロ装置、側窓UVカットガラス
③Mc815　奇数方先頭車(鳥栖・大分方)
　0　パンタ付
　Tc814　偶数方先頭車(肥後大津、八代・佐伯方)
　0　トイレ、車いすスペース

日豊本線（大分口）　ワンマン

Tc814-21　分オイ　別府　2000.3.17

鹿児島本線（熊本口）　ワンマン

Mc815-14　熊クマ　大牟田　2000.3.16

【817系】 鹿児島本線（鹿児島口） ワンマン

Mc817-14　鹿カコ　鹿児島中央　2011.2.5

長崎本線　ワンマン

Mc817-24　本ミフ　諫早　2004.9.27

①2001.10　JR九州
②篠栗線長崎佐世保線鹿児島地区向け交流電車、2両編成、両開き3ドア
　アルミダブルスキン車体、先頭部鋼製、正面貫通形、自動解結装置
　低床（車輪径810mm）、シングルアームパンタ、転換式クロスシート
　VVVFインバータ制御（CI制御）、1C4M×1/両（IGBT）、2000・3000番代1C2M×2/両
　主電動機MT401KA(150KW)IM、歯車比6.5 O、簡易自動ホロ装置、ワンマン対応
　回生併用電気指令式空気ブレーキ、T車遅れ込め制御、側窓UVカットガラス

③Mc817（門司港・直方・鳥栖・延岡方）　　　Tc816　偶数方先頭車（荒尾・博多
　　0　　　パンタ付　　　　　　　　　　　　　　　　・肥後大津・八代・宮崎方）
　　500　　0番代をロングシート化　　　　　　　0　　　トイレ、車いすスペース
　　1000　主変圧器、空調装置仕様変更　　　　　500　　0番代をロングシート化
　　1100　行先表示器大型化　　　　　　　　　　1000　主変圧器、空調装置仕様変更
　　1500　1000番代をロングシート化　　　　　　1100　行先表示器大型化
　　1600　1100番代をロングシート化　　　　　　1500　1000番代をロングシート化
　　2000　ロングシート、1C2M×2/両に　　　　　1600　1100番代をロングシート化
　Tc817奇数方先頭車（門司港・直方方）　　　　　2000　ロングシート車
　　3000　3両編成、ロングシート　　　　　　　　3000　3両編成、ロングシート

鹿児島本線（博多口）・篠栗線・筑豊本線（直方口）　ワンマン

Mc817-1012　本チク　南蔵院前　2011.2.3

鹿児島本線（門司港口）　813系と併結

Tc817-3001　本ミフ　門司港　2020.12.15

佐世保線　ワンマン

Tc816-31　本ミフ　肥前山口　2004.9.27

長崎本線　ワンマン

Tc816-30　本ミフ　鳥栖　2004.9.27

鹿児島本線（鹿児島口）　ワンマン

Mc817-9　鹿カコ　鹿児島中央　2004.9.28

鹿児島本線（博多口）・篠栗線・筑豊本線（直方口）　ワンマン

Tc816-17　本チク　博多　2004.9.28

鹿児島本線（博多口）・篠栗線・筑豊本線（直方口）　ワンマン

Mc817-1002　本チク　直方　2011.2.3

鹿児島本線（博多口）・篠栗線・筑豊本線（直方口）　ワンマン快速

Mc817-1102　本チク　吉塚　2017.5.15

篠栗線・鹿児島本線（博多口）　ワンマン

Tc816-2001　本チク　吉塚　2022.12.15

鹿児島本線（博多口）

Tc816-3004　本ミフ　博多　2017.5.15

鹿児島本線（博多口）・篠栗線　ワンマン　仕様変更

Mc817-1601（旧Mc817-1101）　本チク　吉塚　2022.12.15

長崎本線　ワンマン

Tc816-31　崎サキ　江北　2022.12.14

佐世保線　ワンマン

Tc816-26　崎サキ　江北　2022.12.14

佐世保線　ワンマン

Tc816-2　崎サキ　高梁　2022.12.14

鹿児島本線（熊本口）　ワンマン　仕様変更

Mc817-1507（旧Mc817-1007）　熊クマ　鳥栖　2022.12.14

長崎本線　ワンマン

Mc817-20　崎サキ　鳥栖　2022.12.14

鹿児島本線（熊本口）　ワンマン　仕様変更

Mc817-501（旧Mc817-1）　熊クマ　鳥栖　2022.12.14

鹿児島本線（熊本口）　ワンマン　仕様変更

Mc817-516（旧Mc817-16）　熊クマ　熊本　2022.12.14

【819系（BEC）】 筑豊本線（直方口・若松口）　ワンマン

McBEC819-4　本チク　直方　2017.5.15

筑豊本線（直方口）　福北ゆたか線

McBEC819-5　本チク　直方　2017.5.15

①2016.10　JR九州
②蓄電池電車、非電化区間は蓄電池で走行、電化区間は電車として走行
　終点駅停車中パンタを上げ充電、リチウムイオンバッテリー(380kwh)
　アルミダブルスキン車体、両開き3ドア、ロングシート、2両編成
　低床（車輪径810mm）、シングルアームパンタ、ワンマン対応
　VVVFインバータ制御(CI制御)、1C2M×2/両(IGBT)
　主電動機MT404K(95KW)IM、歯車比6.5 O、
　回生併用電気指令式空気ブレーキ、T車遅れ込め制御
③McBEC819　奇数方先頭車（西戸崎・若松方）
　0　量産車、主に筑豊本線・若松線用
　100　車側カメラ取付改造、主に筑豊本線・若松線用
　300　車側カメラ装備、香椎線用
　5300　300番代に自動列車運転装置取付改造、香椎線用
　TcBEC818　偶数方先頭車（香椎・直方、博多方）
　　　　　　　番代同上、トイレ設置

香椎線　ワンマン　仕様変更

McBEC819-107（旧McBEC819-7）　本チク　香椎　2020.12.16

香椎線　ワンマン

McBEC819-308　本チク　香椎　2020.12.16

筑豊本線（若松口）　ワンマン

TcBEC818-4　本チク　折尾　2022.12.13

筑豊本線（若松口）　ワンマン

TcBEC818-4　本チク　若松　2022.12.13

篠栗線、鹿児島本線（博多口）

TcBEC818-5　本チク　吉塚　2022.12.15

鹿児島本線（博多口）、篠栗線　仕様変更

TcBEC818-5303（旧TcBEC818-303）　本チク　吉塚　2022.12.15

篠栗線、鹿児島本線（博多口）　快速

TcBEC818-4　本チク　吉塚　2022.12.15

香椎線、鹿児島本線（博多口）　快速

TcBEC818-307　本チク　吉塚　2022.12.15

篠栗線、鹿児島本線（博多口）　仕様変更

TcBEC818-5303（旧TcBEC818-303）　本チク　吉塚　2022.12.15

香椎線、鹿児島本線（博多口）　快速　仕様変更

McBEC819-106（右）（旧McBEC819-6）　本チク　吉塚　2022.12.15

【821系】 鹿児島本線（博多口）

Tc821-4　本ミフ　南福岡　2020.12.16

鹿児島本線（博多口）

Tc821-4　本ミフ　南福岡　2020.12.16

①2019.3　JR九州
②近郊形交流電車、両開き3ドア、ロングシート、
　3両編成、正面貫通形
　アルミダブルスキン車体、先頭部鋼製、自動解結装置、
　ワンマン運転対応
　VVVFインバータ制御(CI制御)、1C2M×2/Mc(フルSiC)
　主電動機MT406K(150KW)IM、歯車比6.50、
　シングルアームパンタ
　低床(車輪径810mm)、回生ブレーキ、発電ブレーキ
　回生・発電併用電気指令式空気ブレーキ、台車単位制御
③Mc821　奇数方先頭車(門司港・銀水方)
　0　パンタ付
　Tc821　偶数方先頭車(直方・八代、肥後大津方)
　0　車いす対応トイレ

鹿児島本線（小倉口）・筑豊本線（直方口）

Tc821-9　熊クマ　小倉　2022.12.13

鹿児島本線（熊本口）

Tc821-8　熊クマ　銀水　2022.12.14

筑豊本線（直方口）・鹿児島本線（小倉口）

Tc821-2　熊クマ　小倉　2022.12.13

鹿児島本線（小倉口）・筑豊本線（直方口）

Mc821-9　熊クマ　小倉　2022.12.13

鹿児島本線（小倉口）・筑豊本線（直方口）

Tc821-2　熊クマ　折尾　2022.12.13

筑豊本線（直方口）・鹿児島本線（小倉口）

Mc821-9　熊クマ　折尾　2022.12.13

豊肥本線（熊本口）

Tc821-9　熊クマ　熊本　2022.12.14

鹿児島本線（熊本口）

Mc821-10　熊クマ　熊本　2022.12.14

鹿児島本線（博多口）　回送

Mc821-2　本ミフ　南福岡車両区　2020.12.16

鹿児島本線（熊本口）

Tc821-10　熊クマ　熊本　2022.12.14

【883系】 鹿児島本線（博多口）・日豊本線　ソニック

Mc883-6　分オイ　吉塚　2011.2.2

鹿児島本線（博多口）・日豊本線　ソニック

Mc883-1　分オイ　博多　2000.3.17

①1995.3　JR九州
②制御付き振り子交流特急車両、愛称「ソニック」、片開き1ドア
　軽量ステンレス車体、先頭部鋼製、M-Taユニット(Ta883にパンタ)
　サイリスタ位相制御＋VVVFインバータ制御、1C1M×4/両(GTO)
　主電動機MT402K(190KW)IM、歯車比4.83、発電ブレーキ、
　抑速ブレーキ
　発電併用電気指令式空気ブレーキ、T車遅れ込め制御、滑走検知付き
　ころ式車体傾斜装置付きボルスタレス台車、低床(車輪径810mm)
　リニューアル更新時車体塗装青色化、2000.3シングルパンタに変更
③Mc883　奇数方先頭車(小倉方)
　0　Ta883パンタ付とペア
　Thsc882　偶数方先頭車(博多、大分方)
　0

鹿児島本線（博多口）・日豊本線　ソニック

Thsc882-6　分オイ　大分　2000.3.17

日豊本線・鹿児島本線（博多口）　ソニック

Mc883-7　分オイ　大分　2000.3.17

鹿児島本線（博多口）・日豊本線　ソニック

Mc883-5　分オイ　博多　2000.3.17

日豊本線・鹿児島本線（博多口）　ソニック

Thsc882-5　分オイ　別府　2000.3.17

鹿児島本線（博多口）・日豊本線　ソニック

Mc883-7　分オイ　博多　2000.3.18

鹿児島本線（博多口）・日豊本線　ソニック

Mc883-8　分オイ　大分　2000.3.17

鹿児島本線（博多口）・日豊本線　ソニック

Thsc882-4　分オイ　行橋　2011.2.3

日豊本線・鹿児島本線（博多口）　ソニック

Thsc882-1　分オイ　行橋　2011.2.3

鹿児島本線（博多口）・日豊本線　ソニック

Mc883-4　分オイ　吉塚　2011.2.2

鹿児島本線（博多口）・日豊本線　ソニック

Thsc882-4　分オイ　吉塚　2011.2.2

【885系】 鹿児島本線（博多口）・日豊本線　ソニック

Thsc884-11　本ミフ　博多　2011.2.3

長崎本線・鹿児島本線（博多口）　かもめ

Mc885-1　本ミフ　長崎　2000.3.18

①2000.3　JR九州
②制御付き振り子交流特急車両、6両編成(3M3T)
　アルミダブルスキン車体、片開き1ドア、
　VVVFインバータ制御(CI制御)、1C4M×1/両(IGBT)、
　主電動機MT402K(190KW)IM、歯車比4.83、回生ブレーキ
　回生併用電気指令式空気ブレーキ、T車遅れ込め制御
　ボルスタレス台車(制御付き振り子台車)、低床(車輪径810mm)
③Mc885　奇数方先頭車(小倉、博多方)
　0　1〜7量産車、8〜11増備車
　400　事故代替え増備車
　Thsc884　偶数方先頭車(大分、長崎方)
　0

鹿児島本線（博多口）・日豊本線　ソニック

Thsc884-8　本ミフ　行橋　2011.2.3

鹿児島本線（博多口）・長崎本線　かもめ

Thsc884-2　北ミフ　肥前山口　2004.9.27

149

長崎本線・鹿児島本線（博多口）　かもめ

Thsc884-1　本ミフ　長崎　2000.3.18

鹿児島本線（博多口）・長崎本線　かもめ

Thsc884-5　北ミフ　諫早　2004.9.27

鹿児島本線（博多口）・長崎本線　かもめ

Mc885-3　本ミフ　博多　2000.3.16

長崎本線・鹿児島本線（博多口）　かもめ

Mc885-403　北ミフ　諫早　2004.9.27

日豊本線・鹿児島本線（博多口）　ソニック

Mc885-5　本ミフ　大分　2000.3.17

日豊本線・鹿児島本線（博多口）　ソニック

Thsc884-9　北ミフ　博多　2004.9.27

鹿児島本線（博多口）

Mc885-10　本ミフ　南福岡　2020.12.16

鹿児島本線（博多口）

Thsc884-10　本ミフ　南福岡　2020.12.16

【991系（E991）、993系（E993）、995系（E995）】 試験車　ACトレイン

TcE993-1　宮ハエ　三鷹　2005.6.25

ACトレイン

TcE992-1　宮ハエ　尾久IV　2004.12.4

993
①2002.3 ～ 2006.7　JR東日本
②新システムとIT技術活用等通勤電車開発を目的に製造された試作車
　連接台車、シングルアームパンタ、両開き３ドア、外吊りドア
　VVVFインバータ制御、1C1M×4/両(IGBT)
　主電動機MT935(200KW)DDM三相同期電動機、直接駆動(歯車比なし)
　回生併用電気指令式空気ブレーキ、T車遅れ込め制御
　アルミダブルスキン・ステンレスダブルスキン・軽量ステンレスの3種
③TcE993（新宿方）　　　　　TcE992（川越方）

991
①1994 ～ 1999.3　　　　　　JR東日本　愛称TRY-Z、3両編成(水カツ)
②高速試験車、アルミ合金車体、シングルアームP、VVVFインバータ制御
③クモヤE991　モノコック構造、GTO、サヤE991(スケルトン構造)を連結
　クモヤE990　モノコック構造、IGBT

995
①2009 ～ 2019　JR東日本　愛称NETrainスマート電池クン(宮ヤマ)
②蓄電池駆動試験車、クモヤE991 非電化区間を蓄電池だけで走行可能

ME993-1　宮ハエ　尾久IV　2004.12.4

連接台車　尾久IV　2004.12.4

【5000系】 予讃線・瀬戸大橋線・宇野線　快速マリンライナー

Tswc5103　四カマ　高松　2007.2.11

予讃線・瀬戸大橋線・宇野線　快速マリンライナー

Mc5006　四カマ　岡山　2004.8.20

①2003.10　JR四国
②瀬戸大橋(岡山-高松)マリンライナー用、3両編成
　　軽量ステンレス車体、JR西日本223-5000系と共通仕様
　　VVVFインバータ制御、1C1M×4/両(IGBT)、
　　主電動機S-MT102B(220KW)IM、歯車比6.53
　　回生併用電気指令式空気ブレーキ、回生ブレーキ
③Mc5000　奇数方先頭車(岡山方)
　　5000　前面貫通形、パンタ付
　　Tswc5100　偶数方先頭車(高松方)
　　5100　前面非貫通形、ダブルデッカー2階建車両

宇野線・瀬戸大橋線・予讃線　快速マリンライナー

Tswc5104　四カマ　岡山　2004.8.19

宇野線・瀬戸大橋線・予讃線　快速マリンライナー

Tswc5106　四カマ　岡山　2004.8.20

【6000系】 予讃線

Mc6002　四カマ　高松　2000.3.19

予讃線

Tc6101　四カマ　多度津　2000.3.19

①1996.4　JR四国
②JR四国用近郊形車両、両開き片開き(運転台後部のみ)混合3ドア
　軽量ステンレス車体、転換式クロスシート(車端部・ドア寄りは固定)
　VVVFインバータ制御、1C4M×1/両(GTO)、1M方式、自動解結装置
　主電動機S-MT62(160KW)IM、7000系と併結可能、3両編成
　回生併用電気指令式空気ブレーキ、回生ブレーキ
③Mc6000　偶数方先頭車(高松方)
　6000　Wパンタ付
　Tc6100　奇数方先頭車(観音寺方)
　6100

予讃線・瀬戸大橋線・宇野線

Mc6001　四カマ　岡山　2000.3.19

予讃線・瀬戸大橋線・宇野線

Mc6002　四カマ　宇多津　2000.3.19

【7000系】 予讃線

cMc7020　四カマ　高松　2020.12.14

予讃線

Tc7109　四カマ　観音寺　2000.3.19

①1990.11　JR四国
②予讃線伊予北条-伊予市間電化開業に伴い投入した通勤形電車、
　軽量ステンレス車体、3ドア(中間部両開き、両端部片開き)
　車内片側ロングシート、対面側ボックスシートで中間ドア境に千鳥配置
　1両編成(cMc7000)単行から3両編成運転のフレキシブルな運用可能
　VVVFインバータ制御、1C4M×1/両(GTO)、
　主電動機S-MT58(120KW)IM、歯車比7.07、
　回生併用電気指令式空気ブレーキ、回生ブレーキ、ワンマン対応
③cMc7000
　7000　両運転台、パンタ付
　Tc7100　奇数方先頭車(松山伊予市方)
　7100

予讃線　ワンマン

cMc7008　四マツ　松山　1991.6.30

予讃線　ワンマン

cMc7022　四カマ　多度津　2000.3.19

【7200系】 予讃線　快速サンポート

Mc7214　四カマ　坂出　2020.12.14

予讃線　快速サンポート

Tc7314　四カマ　坂出　2020.12.14

①2016.6　JR四国
②121系の機器更新で系列変更7000系に改番(VVVF化、
　　台車・側窓仕様変更)
　軽量ステンレス車体、両開き3ドア、2両編成1M1T、
　7000系と併結可能
　車内片側ロングシート、対面側ボックスシートで中央ドア境に千鳥配置
　VVVFインパータ制御、(IGBT)
　主電動機S-MT64(140KW)IM、歯車比5.56、ワンマン対応
　回生併用電気指令式空気ブレーキ、T車遅れ込め制御、回生ブレーキ
③Mc7200　偶数方先頭車(高松方)
　7200　パンタ付
　Tc7300　奇数方先頭車(多度津方)
　7300

予讃線

Mc7210　四カマ　高松　2020.12.14

予讃線

Tc7305　四カマ　坂出　2020.12.14

155

【8000系】 予讃線 いしづち

Thsc8001　四マツ　高松　2000.3.19

①1992.8　JR四国
②予讃線松山電化開業用として製作された制御付き振り子式特急電車
　振り子式と低重心化構造により曲線通過性能向上
　ステンレス車体、プラグドア、空気制御付ころ式振り子台車、発電ブレーキ
　VVVFインバータ制御、試作車1C8M×1/ユニット(GTO)、
　量産車1C1M×4/ユニット(GTO)
　試作車発電併用電気指令式空気ブレーキ、電磁吸着ブレーキ
　量産車発電回生併用電気指令式空気ブレーキ、遅れ込め制御、抑速ブレーキ
　主電動機試作車S-MT59(150KW)IM、歯車比5.1 8、
　主電動機量産車S-MT60(200KW)IM,歯車比5.56
　床下集中式冷房装置、自動解結装置、振子用パンタグラフ固定装置
③Mc8200　(松山方)
　8200　正面貫通形、振り子対応パンタ付、8201試作車
　Thsc8000　(松山方)
　8000　正面非貫通流線形、振り子対応パンタ付、8001試作車
　Tc8400　(高松、岡山方)　　　Tc8500　(高松、岡山方)
　8400　正面貫通形、　　　　　8500　正面非貫通流線形、2010パンタ撤去

注.1998.3 ～ 2014.3この間方向転換して使用

予讃線・瀬戸大橋線・宇野線　しおかぜ

Tc8404　四マツ　宇多津　2000.3.19

予讃線　いしづち

Mc8204　四マツ　宇多津　2020.12.14

予讃線・瀬戸大橋線・宇野線　しおかぜ

Tc8504　四マツ　岡山　1995.10.24

156

【8600系】 予讃線　いしづち・しおかぜ

Mc8607　四マツ　宇多津　2020.12.14

予讃線　いしづち

Tsc8703　四マツ　宇多津　2020.12.14

①2014.6　JR四国
②空気ばね式車体傾斜方式特急電車
　　(曲線地点データにより空気ばね高さを変えることで車体を傾斜させる)
　ステンレス車体(レーザ溶接)、先頭部鋼製、低床(車輪径810mm)
　VVVFインバータ制御、1C1M×4/Mc(IGBT)
　主電動機S-MT63(220KW)IM、歯車比5.56
　回生・発電併用電気指令式空気ブレーキ、T車遅れ込め制御
　回生ブレーキ、発電ブレーキ、抑速ブレーキ、
　シングルアームパンタ、自動解結装置、片開き2ドア
③Mc8600　(岡山、高松方)
　8600　正面貫通形、2両編成・3両編成
　Tc8750　(松山方)
　8750　正面貫通形、パンタ付、2両編成
　Tsc8700　(松山方)
　8700　正面貫通形、パンタ付、3両編成

予讃線・瀬戸大橋線・宇野線　しおかぜ

Mc8601　四マツ　宇多津　2020.12.14

予讃線・瀬戸大橋線・宇野線　しおかぜ

Tsc8702　四マツ　宇多津　2020.12.14

【E001系】 東北本線（上野口） 四季島

MscE001-1　東オク　赤羽-東十条　2019.8.18

東北本線（上野口）　四季島

MscE001-10　東オク　東十条-王子　2019.3.23

①2017.5　JR東日本
②JR東日本クルーズトレイン用、電車・電気気動車機能を持たせた車両
　アルミ合金製(1〜4、8〜10号車)、軽量ステンレス製(5〜7号車)
　EDC方式(直流1500V,交流2万V,交流2万5千V,非電化区間対応)
　非電化区間は、エンジン発電機を使用、発電機出力1247KVA
　VVVFインバータ制御(CI制御)、1C4M/M(IGBT)、6M4T(10両編成)
　主電動機MT75B(140KW)IM、歯車比5.50、シングルアームパンタ
　回生・発電併用電気指令式空気ブレーキ、T車遅れ込め制御、
　ブレーキチョッパ装置
③MscE001
　　1　（上野方）、展望車
　　10　（青森方）、展望車

東北本線（上野口）　四季島

MscE001-1　東オク　東十条　2018.9.24

東北本線（上野口）　四季島

MscE001-10　東オク　赤羽-東十条　2019.8.18

用語説明　　※説明は順不同　　※説明内の電動機は、車両の主電動機をいう

(シート配置種類) A2:O62
- ロングシート・・・・・・・・・　線路方向に配置した7人掛けや11人掛けシート、主に通勤形に使用
- クロスシート・・・・・・・・・　枕木方向に配置した2人掛けや1人掛けのシート、主に中・遠距離用に使用
- セミクロスシート・・・・・　クロスシート(ボックスシート)と2人または3人掛けのロングシート(出入口付近)が混在するタイプ
- 転換式クロスシート・・　進行方向に合わせて向きを変えられるシート

(ブレーキの種類)
常用ブレーキ・・・・・・・・・　通常減速、停止するときに使用する空気ブレーキ(ステップごとにブレーキ圧力が違う)
非常ブレーキ・・・・・・・・・　緊急停止用として使用する空気ブレーキ(最大ブレーキ圧力を使用する)
抑速ブレーキ・・・・・・・・・　急勾配下り時に一定速度以上にならないように常にブレーキを効かせる状態に保つブレーキ
耐雪ブレーキ・・・・・・・・・　降雪走行時車輪踏面に雪が付着しないように軽いブレーキ圧力をかけるブレーキ
回生ブレーキ・・・・・・・・・　電動機を発電機(制動力)として働かせたときに発生する電力を電車線に返す電気ブレーキ
発電ブレーキ・・・・・・・・・　電動機を発電機(制動力)として働かせたときに発生する電力を車載抵抗器で消費する電気ブレーキ
保安ブレーキ・・・・・・・・・　通常使用するブレーキ系統とは違う独立したブレーキ系統で最大ブレーキを出力するブレーキ
駐車ブレーキ・・・・・・・・・　エアー漏れ等で元空気圧低下が生じた時、バネの力で作動する機械式ブレーキ。空気圧復帰で緩解
電気指令ブレーキ・・・・・　編成の各車両に同じブレーキ圧力指令が伝わるように引通し線を使用して電気指令を送りブレーキをかける
電磁直通ブレーキ・・・・・　編成の各車両に電磁弁回路を組込みブレーキ反応を迅速にするブレーキシステム
T車遅れ込め制御・・・・・　回生ブレーキ中、編成のブレーキ力不足をT車が空気ブレーキて補完するシステム

(車体材質種類と特徴)
- 鋼体車体・・・・・・・・・・・・・・・・・・・・・・・・・・錆発生防止のため塗装が必要、重量が重い
- ステンレス車体・・・・・・・・・・・・・・・・・さびない、塗装が必要ない
- アルミ車体・・・・・・・・・・・・・・・・・・・・・・さびない、重量が軽い
- アルミ車体合金ダブルスキン構体・・・・・・耐久性が増す

(制御方式種類)
- 抵抗制御・・・・・・・・・・・・・・　電動機に直列に挿入した抵抗器の抵抗を接触器の動作により減らすことで速度を上昇させる
　　　　　　　　　　　　　　　　直並列組合せ抵抗制御・・・・・・4台の電動機を直列接続から2台一組の直列接続を並列接続に切り換えることにより速度を上げる
- 弱界磁制御・・・・・・・・・・　直流電動機の界磁コイルの一部を短絡するなどして磁界を減らし(弱界磁)、電動機の速度を上げる
- チョッパ制御・・・・・・・・・・・　抵抗器の代わりにサイリスタ等の半導体素子を使用したチョッパ装置で電圧を変化させ速度を変える
　　　　　　　　　　　　　　　　電機子チョッパ制御・・・・・・直流直巻電動機の電機子回路にチョッパ装置を組込み電圧制御する
　　　　　　　　　　　　　　　　界磁チョツパ制御・・・・・・直流複巻電動機の分巻界磁回路にチョッパ装置を組込み電圧制御する
- 界磁添加励磁制御・・・・・　起動時の抵抗制御後、直流電動機の界磁回路の界磁を弱めることによって速度を上昇させる
- インバータ制御・・・・・・　半導体素子を使用した直流から交流に変換するインバータ装置で交流電動機の速度を変える
　　　　　　　　　　　　　　　　VVVFインバータ・・直流を交流に変換する過程で電圧と周波数を可変出力できる装置(可変出力できない装置はSIV)
- CI制御・・・・・・・・・・・・・・　交流電車の速度制御で、コンバータで交流から一定直流に変換させ、インバータで交流電動機の速度を変える

(制御方式分類)
- 1M方式・・・・・・・・・・・・・・1両で電動車機能をもたせる方式(電動機4台制御)
- 2M方式・・・・・・・・・・・・・・2両1ユニットで機能をもたせる方式(電動機8台制御)
- 0.5M方式・・・・・・・・・・・　1両のうちの片台車に電動機を載せ電動車機能をもたせる方式(電動機2台制御)
　　　　　　　　　　　　　　　　1C4M・・・・・インバータ制御車においての制御装置からの電動機の制御数を表す。(この場合1制御器から4台の電動機を制御する)

(主な半導体素子種類と特徴)
- サイリスタ・・・・・・・・・・・　アノードA、カソードK、ゲートGの3つの電極からなる素子、Gに電圧を流すとON、A-K間に逆電圧でOFFする。
- GTO・・・・・・・・・・・・・　転流回路(A-K間に逆電圧を加圧する回路)不要。Gに一信号でOFF。装置の小型化、高耐圧化。素子の入り切り音大。
- IGBT・・・・・・・・・・・・　コレクタC、エミッタE、ゲートGの3電極素子、Gに電圧加圧でC-E間ON、Gを無電圧でOFF。転流回路不要、高速動作。
- SiC・・・・・・・・・・・・・・・　シリコンカーバイト又は炭化ケイ素。フルSiCインバータやハイブリッドSiCインバータとして使用。小型軽量化、高速化。

ボルスタレス台車・・・・・・・・・・　従来心皿、側受け、揺れ枕(ボルスタ)等からなるボギー台車が主流であったが、空気バネの発達により揺れ枕を省略し空気バネで支持するボルスタレス台車が開発された。部品点数の省略で台車重量が軽減化された。
横軽対策・・・・・・・・・・・・・・・・・・　長野新幹線が開業する前日1997年9月30日まで横川・軽井沢間の勾配67‰を走行する車両に対し、電気機関車EF63と協調運転できるように電車を改造した。169系、189系、489系など
耐寒耐雪構造・・・・・・・・・・・　寒冷地向けの車両に対し、暖房の強化、ドアや機器箱内にヒータの設置等を施工したもの
セミアクティブダンパ・・・・・・・・・　台車車体間の横揺れを吸収する装置
車体間ダンパ・・・・・・・・・・・　車両間前後方向の動揺を吸収する装置
奇数方先頭車・・・・・・・・・・・　東海道本線の東京方を向いている先頭車
偶数方先頭車・・・・・・・・・・・　東海道本線の大阪方を向いている先頭車
戸袋・・・・・・・・・・・・・・・・・・・　ドアが開いた時のドアの収納場所。両開きドア(左右2か所)、片開きドア(1か所)、外吊りドア・プラグドア(戸袋なし)
中空軸平行カルダン・・・・・　電動機の台車装架方式の一つ、電動機軸を中空にし、ねじり軸を通したわみ板継手で小歯車と接続する。新性能電車以前は車軸に固定する釣掛け式等があったが、現在は可撓継手を用いるTD継手式やWN接手式平行カルダン等がある
難燃化A-A基準・・・・・・・・・　車両材質に難燃性または不燃性の材料を使用して車両火災防止する基準
シートピッチ・・・・・・・・・・・　シート間隔、クロスシートの足元スペース、特にボックスシートのシートピッチ拡大等、例111系2000番代等
ノッチ戻し・・・・・・・・・・・・・　登り勾配区間で空転が発生した時、再粘着させるためノッチ位置を少し戻す操作
ハイデッカー、ダブルデッカー・・　高床構造、二層床(二階)構造　例215系等
IM・・・・・・・・・・・・・・・・・・・・　インダクションモータ(誘導電動機)、交流電動機の一つ、直流電動機のブラシがなく手入れがいらない
TIMS・・・・・・・・・・・・・・・・　列車情報管理装置、引通し線を削減して伝送回路を利用して各機器の制御、設定、状態管理を総合的に管理する
切妻形・・・・・・・・・・・・・・・・　先頭車形状の呼び名、正面が平らな形をした先頭車、その他呼び名として流線形、貫通形、非貫通形など

あとがき

　読者の皆さん、本書をご覧になっていかがでしたか。系列番号の多さにびっくりされたのではないでしょうか。今回系列一覧表として編集してみて、新性能電車の系列の数が159系列と予想を超える数の多さに驚いています。系列の中には、すでに消滅しているものやわずかな車両数でいまだ活躍している系列もあります。今後も車両が新製されるたびに新たな系列番号が増えていくでしょう。本書の編集中にも新車、リニュアール車、改造車が発表され系列や番代が変化しています。その結果益々わかりづらくなりますが、少しでも本書を参考にして活用していただければ幸いです。

　また、掲載写真の中には、過去に走行した路線やすでに廃車になり消滅した系列も多くあります。改めて系列を一覧表にしてみると、新性能電車の技術の進歩を感じさせられました。読者の皆さん方、特に初心者の方達に車両番号に興味を持って頂き、この系列一覧表が、今後電車を語るうえで何かのお役に立てていただければ幸いに存じます。

　最後に本書を編集するにあたり、株式会社フォト・パブリッシングの皆様をはじめとして多くの方々に対し、誌面をお借りしまして心より感謝を申し上げます。

【著者プロフィール】
桑原 秀幸（くわはら ひでゆき）
1951（昭和26）年1月生まれ、東京都出身
元東京都交通局車両電気部勤務
都営地下鉄新宿線10-000形7次車、ゆりかもめ増備車等を設計
都営地下鉄、都電荒川線、日暮里舎人ライナー、ゆりかもめ等の車両の維持管理を経験
1987（昭和62）年電気主任技術者（第2種）を取得
1999（平成11）年度鉄道設計技士(車両)を取得

国鉄・JR新性能電車総覧
〔下巻 交直流・交流電車編〕

2023年12月6日　第1刷発行

著　者……………………桑原秀幸
発行人……………………高山和彦
発行所……………………株式会社フォト・パブリッシング
　　　　　　　　　　〒161-0032　東京都新宿区中落合2-12-26
　　　　　　　　　　TEL.03-6914-0121 FAX.03-5955-8101
発売元……………………株式会社メディアパル（共同出版者・流通責任者）
　　　　　　　　　　〒162-8710　東京都新宿区東五軒町6-24
　　　　　　　　　　TEL.03-5261-1171 FAX.03-3235-4645
デザイン・DTP………柏倉栄治（装丁・本文とも）
印刷所……………………サンケイ総合印刷株式会社

ISBN978-4-8021-3438-5 C0026

本書の内容についてのお問い合わせは、上記の発行元（フォト・パブリッシング）編集部宛てのEメール（henshuubu@photo-pub.co.jp）または郵送・ファックスによる書面にてお願いいたします。